美甲技术基础

主　编　刘启芳　　张　萍

副主编　陈春丽　　冷　蔚　　刘晓军

参　编　解雪晴　　韩雯青　　候圣洁

　　　　王靖斐　　孙　燕　　崔　燕　　吴文娜

北京理工大学出版社

BEIJING INSTITUTE OF TECHNOLOGY PRESS

图书在版编目（ＣＩＰ）数据

美甲技术基础 / 刘启芳, 张萍主编. –– 北京 : 北
京理工大学出版社, 2024.1
　　ISBN 978–7–5763–3433–3

　　Ⅰ. ①美… Ⅱ. ①刘… ②张… Ⅲ. ①美甲—职业教
育—教材 Ⅳ. ①TS974.15

　　中国国家版本馆CIP数据核字(2024)第032975号

责任编辑： 王晓莉　　　　**文案编辑：** 王晓莉
责任校对： 周瑞红　　　　**责任印制：** 边心超

出版发行 / 北京理工大学出版社有限责任公司
社　　址 / 北京市丰台区四合庄路 6 号
邮　　编 / 100070
电　　话 / （010）68914026（教材售后服务热线）
　　　　　　 （010）68944437（课件资源服务热线）
网　　址 / http：//www.bitpress.com.cn

版 印 次 / 2024 年 1 月第 1 版第 1 次印刷
印　　刷 / 定州市新华印刷有限公司
开　　本 / 889mm×1194mm　1 / 16
印　　张 / 10
字　　数 / 168 千字
定　　价 / 79.00 元

前言

PREFACE

　　形象设计作为一门综合艺术学科，正步入最好的发展时代，人们不仅认同和接受，并且对个性形象设计的需求不断增加，这也对从业者的素质提出了更高的要求。本书反映了当代社会进步、科技发展、专业发展前沿和行业企业的新技术、新工艺和新规范，吸收了行业企业技术人才参与编写，很好地体现了产教融合、校企合作、课程思政等指导精神。

　　本书的编写突出了以下特点：

　　1. 本书紧密结合国际美甲技术时尚潮流、配合职业教育发展趋向，以任务驱动为纽带，将理论与实践、知识与技能有机结合。书中的每个任务实践操作环节都由企业一线美甲师完成，故体现了理论知识、操作技能与技巧、工作经验与策略的有效融合。

　　2. 本书将课程思政元素与专业技术学习相结合，提出了三维目标，其中，素质目标则表现为充分发挥课程思政的德育功能，对美甲师的职业道德修养、卫生习惯养成、创新思维能力、动手实践能力、审美与艺术素养、语言表达能力、与顾客沟通能力、观察力与快速应变能力提出标准，在"润物细无声"的知识学习中融入人生价值观、理想信念层面的精神指引。

　　3. 本书呈现形式新颖，图文并茂，可读性强，可以激发起读者的学习兴趣。注重体现做中学、学中悟的逻辑思维过程。教材内容在编写上力求体现"理论知识系统严谨，实践操作规范标准"的指导思想，结构上进行项目式、任务式设计，突出专业特色，符合职业技能要求。在每个项目下增加了明确的三维目标：学习目标、能力目标和素质目标，每个任务下又设计了任务描述、技能要求、知识准备、实践操作、任务评价、综合运用环节。每个任务的实践操作内容，都以理论和技能相结合的方式呈现，一步一图，实操针对性突出；每个项目结束后又增加了单元回顾和单元练习两部分，从理论到实战，对每个项目、任务进一步总结性学习，巩固知识、夯实技术。

　　为适应社会大众对形象设计的需求，本书本着实用、简洁、易懂、生动的原则，补充了每个项目和主题的教学PPT、教案、试题。

本书项目一由冷蔚、孙燕、解雪晴编写；项目二由陈春丽、韩雯青、崔燕编写；项目三由候圣洁、刘启芳、解雪晴编写；项目四由刘晓军、韩雯青、刘启芳、吴文娜编写；项目五由陈春丽、王靖斐编写；项目六由张萍、候圣洁编写。

此外，本书在编写过程中得到了课改专家的大力指导与帮助，并提出了许多宝贵的意见，在此谨致衷心的感谢。书中如有疏漏和错误之处，敬请专家和读者批评指正，更好地满足形象设计教育教学的需求。

编　者

目 录

CONTENTS

项目一 美甲概论

学习目标 ◀

1. 掌握美甲的发展及现状。
2. 掌握美甲的概念与作用。
3. 了解美甲项目的分类。
4. 掌握美甲工具的分类及用途。
5. 了解美甲环境卫生的要求。
6. 了解指甲的定义与作用。
7. 掌握指甲的生理结构及影响生长的因素。
8. 掌握指甲的健康标准。
9. 掌握问题甲的分类与养护。

能力目标 ◀

1. 能了解美甲行业的发展历程及发展现状。
2. 能掌握美甲的概念及作用。
3. 能掌握当今美甲操作的分类。
4. 能根据美甲造型选择适合的美甲工具。
5. 能正确应用美甲产品与工具，并掌握其使用技巧。
6. 能掌握美甲产品与工具的消毒工作。
7. 能掌握指甲结构及生长原理。
8. 能掌握指甲的特点及健康标准。
9. 能掌握问题甲的分类及预防和养护。

素质目标 ◀

1. 具备一定的思考和判断能力。
2. 具备一定的美甲发展史理论素养。
3. 做好成为一名优秀美甲师的准备。
4. 具备敏锐的观察力与分析解决问题的能力。
5. 具备良好的卫生习惯与职业道德精神。

任务一　美甲文化

【任务描述】

　　1. 能够了解掌握美甲业发展的历程。

　　2. 能够初步了解美甲的概念及作用。

　　3. 能够初步了解美甲项目的分类。

【技能要求】

　　1. 能够从不同阶段理解美甲业的发展。

　　2. 能够掌握美甲项目操作的分类。

一、美甲的发展及现状

（一）美甲的起源（古代美甲）

（1）早在远古时代，人类由于美化的需要，就已经开始运用原始工具对自己的指甲进行打磨、修理。常用的工具是磨石和锉草，磨石是一种凹凸不平并带有小颗粒的石头，大小不一，相当于现在美甲师所用的砂条，起到打磨的作用；而锉草是一种草本植物，相当于现在的抛光条，起到修理、光滑指甲的作用，这种锉草到明末清初仍在使用。

（2）美甲从最初的只是宫廷的化妆项目，后逐渐在贵族中风行，直到在民间流传，经历了相当长的一段时间，已经很难考证确切的年份。据说美甲最早开始于公元前 30 世纪以前，在埃及，地位高的人，不论男女，都用染料把指甲染成红褐色，国王、女王的指甲染成大红色，而身份越低的人红色就越淡。从这一习俗可以看出，当时颜色标志着人们的身份和地位。

（3）在古埃及早有保养指甲的传统。在公元前 3500 年，埃及纳麦法老就已使用散茉花叶榨出的红色汁液染指甲、手掌和脚底，还用从昆虫分泌液中提炼的古铜色油做指甲染料。

（4）中国古代，妇女们有以鲜花汁液（凤仙花俗称指甲花）染指甲的习俗，早在公元前 3000 年就用蜂蜡、蛋白与明胶做指甲油。

（5）15 世纪中国明朝皇族将指甲染成黑色或深红色；古埃及更有严格的限制—只有国王和王后才可以染深红色，平民只能染淡红色。

（6）在古代中国，地位很高的男人、女人都留超长的指甲，显示他们无须劳动，男士则显示他们的力量及身份地位。清朝的皇宫贵妇用镶珠嵌玉的豪华金属指甲套保护她们精心留饰的指甲。金属指甲套如图 1-1 所示。

（7）在古代由于文化和环境的约束，不可能有专业的美甲师，这种美容、美发、美肤、美甲的工作一般是由母亲传授给女儿，姐妹之间交流，婢女协助来完成。

图 1-1   金属指甲套

（二）现代美甲（兴起于 20 世纪 30 年代）

美甲在国外：现代美甲兴起于 20 世纪 30 年代。在美国，开始只是收集真人指甲，粘贴到先天指甲有残缺的指甲上，然而收集真人指甲成本极高又极度受到限制，卫生又得不到保障，于是慢慢发展到贴片甲、水晶甲、光疗甲等一系列的人造指甲。而早在 20 世纪七八十年代，好莱坞知名演员已开始美甲，现在美国的美甲店遍布各个街道，与人们的生活密切相关。欧洲的法国、德国美甲业最为发达，亚洲以日本、韩国为代表。

美甲在国内：现在中国已经有越来越多的女士了解美甲并喜欢做美甲。在 1995 年，北京的李安女士成立了安丽泰玉指艺术有限公司，开创了国内现代美甲历史的先河，短短几十年时间，美甲行业已经被社会认可。现在国内的美甲已经渐渐形成市场，2003 年的 8 月 18 日美甲被劳动部确认为职业，行业代码为 X4-07-04-03。美甲在中国已经形成自己独特的风格。

（三）美甲业的发展

第一阶段：梦想起飞——起步阶段（1996—2003 年）；

第二阶段：扬帆远航——蓬勃发展阶段（2004—2009 年）；

第三阶段：扬眉吐气——高速发展阶段（2010—2013 年）；

第四阶段：痛苦徘徊——低迷和调整阶段（2014—2015 年）；

第五阶段：创新向上——发展阶段（2016 年至今）。

目前国内美甲业已渐成市场，美甲店从小作坊式逐渐发展到美甲沙龙、指甲吧（见图

1-2、图 1-3），成为文化交流、艺术沟通、休闲娱乐场所，据业内策略研究机构预测：未来中国的美容业市场每年将有 20%~30% 的增长率，较其他行业具有更大的市场拓展空间及潜力，21 世纪的美甲行业将会进入星级化管理，向标准化、规范化、国际化发展，美甲业将成为中国的"朝阳产业"。

 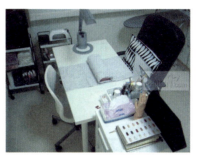

图 1-2　美甲店实景（一）　　　图 1-3　美甲店实景（二）

二、美甲的概念与作用

美甲是一门技术课程，同时又有丰富的文化艺术内涵。它是根据顾客手形、指甲的质量及审美要求，运用专业的美甲工具、设备及材料，按照科学的技术操作程序，对手部及指甲表面进行清洁、护理、保养、修整及美化设计的工作。

三、美甲的分类

美甲从程序和制作方法上可分为手足基础护理、手足皮肤护理、贴片甲、水晶甲、光疗甲、彩绘甲及指甲的修补等。

手足基础护理：对手部和足部的指甲进行修剪、护理，从而使指甲健康光泽，在美甲中起到关键的作用。

手足皮肤护理：通过运用专业的手足护理产品和按摩手法，改善手足皮肤的干燥和老化，保持年轻光泽的状态。

贴片甲：在甲面粘贴人造指甲片，改善指甲的不理想形状，使手部线条更加完美。

水晶甲：通过水晶液和水晶粉的融合塑造出修长的人造甲，从视觉上改善手指形状，弥补手部自身的不足。结实耐磨、不易脱落是它最大的优点。

光疗甲：它运用了在天然树脂材料中加入光敏引发剂，通过紫外线照射使丙烯聚酯得到固化的仿真甲技术。目前的光疗甲采用的多为天然树脂材料，可起到保护指甲、矫正甲型、使手指纤长的作用。它无毒、无味、无刺激，对人体没有伤害，已成为市面上比较受欢迎的一种美甲项目。

彩绘甲：利用彩绘胶或丙烯颜料在指甲上绘出图案，美甲师将风景、植物、卡通人物等各种图案绘于指甲，为美甲增添更多的艺术感。

指甲修补：通过水晶甲或光疗甲技术对已经断裂或受伤的指甲进行修复或加固。修补能够起到保护指甲的作用，并可减少指甲破损对生活造成的不便。

综·合·运·用

1. 作为即将踏入美甲行业的美甲师，你能对美甲的发展历程做一下总结吗？
2. 谈谈你对美甲行业发展前景的期盼。

美甲工具及用品

【任务描述】

1. 能够根据不同的美甲造型独立选择适合的美甲工具。

2. 能够正确应用美甲产品与工具，并掌握其使用技巧。

3. 了解美甲环境卫生的要求。

4. 能够掌握美甲工具及产品的消毒工作。

【技能要求】

1. 具有选择美甲工具的判断能力。

2. 能够熟练掌握美甲工具的应用技巧。

3. 能够独立完成美甲工具及产品的消毒。

一、美甲工具的分类

美甲工具大致可以分为两类，一类是美甲消耗品，另一类是美甲非消耗品。

美甲消耗品包括：工具清洁消毒类产品、基础护理类产品、美甲胶类产品、延长类产品、水晶类产品、彩绘类产品、特殊类产品等。

美甲非消耗品包括：清洁类工具、打磨类工具、修剪类工具、笔类工具、特殊类工具、仪器类工具等。

二、美甲工具的用途

（一）美甲消耗品

1.清洁消毒类产品

（1）酒精：是一种专业消毒产品，具有杀菌消毒的功效，在美甲中一般用于对工具的消毒。在购买时建议选择 75% 的酒精（见图 1-4）。

（2）清洁啫喱水：又称清洗啫喱水，主要用于所有胶类指甲的清洗、甲面的清洗，以及笔的清洗（见图 1-5）。

（3）碘酒：用于割伤、刺伤、划伤等伤口的清洗处理（见图 1-6）。

图 1-4　酒精　　　　图 1-5　清洁啫喱水　　　　图 1-6　碘酒

（4）创可贴：可以用于消毒后的小伤口包扎（见图1-7）。

（5）洗笔水：是一种化学液体，清洗使用过的水晶笔（见图1-8）。

图1-7　创可贴　　　　　　　　图1-8　洗笔水

2. 基础护理类产品

（1）软化剂：常见的软化剂有瓶装和笔装两种。专业美甲店多数选用瓶装的，家用可以选择笔装的，方便携带（见图1-9）。软化剂的作用是涂在甲沟处以软化甲面死皮，方便修剪。在使用时不能涂抹得太多，也不能涂抹到本甲上，否则会造成甲面及皮肤的软化。一般情况下，使用软化剂后需要等待3~5分钟再进行处理，或者将涂抹软化剂后的指甲放于水中浸泡，可以更好更快地软化死皮。

（2）营养油：市场上有两种，一种是瓶装的，供专业美甲店使用；另一种是笔装的，方便携带和家用（见图1-10）。营养油的油脂成分较高，作用是修剪完死皮后更好地保护指甲，及时给予指甲营养以减少死皮和倒刺的再生，使指缘皮肤更柔嫩。制作完任何一款美甲后都需要使用此产品。

（3）底油：底油涂在指甲油前，可增加指甲油附着力（见图1-11）。

（4）亮油：用于保护彩色指甲油，保持指甲光泽（见图1-12）。

图1-9　软化剂　　　图1-10　营养油　　　图1-11　底油　　　图1-12　亮油

（5）美甲平衡液：又称干燥剂，产品呈水状，作用是增加甲油胶、光疗胶的附着力，防止胶体脱落，平整甲面，去除多余油脂和水分（见图1-13）。

（6）蜡：抛光打蜡，在将指甲抛光后，涂抹一点蜡，可以使指甲的光泽更持久（见图1-14）。

（7）护手霜：可滋润手部皮肤，减少手部角质层（见图1-15）。

（8）指甲精华素：能够使自然指甲变得坚硬，可代替底油（见图1-16）。

图1-13　美甲平衡液　　　图1-14　蜡　　　图1-15　护手霜　　图1-16　指甲精华素

3. 美甲胶类产品

（1）底胶：也称结合剂，用在涂干燥剂之后、涂甲油胶之前，其作用是使自然指甲与假指甲紧密贴合（见图1-17）。

（2）甲油胶：甲油胶种类很多，亚光类甲油胶颜色丰富、易造型，适合各个年龄段的人使用。珠光类甲油胶含有颗粒，有较强的时尚感。特殊类甲油胶比较多，如温变甲油，它会随着温度的变化而变化；荧光甲油，夜晚时会发光发亮（见图1-18）。

（3）封层胶：封层胶的作用是保护甲油胶，使甲面更加光泽持久。封层胶主要分为免洗封层胶与擦洗封层胶两种。免洗封层胶在照灯后不用清洗，而擦洗封层胶在照灯后需用清洁啫喱水清洗，否则甲面就会有浮胶（见图1-19）。

（4）光疗胶：用于光疗甲的制作，其颜色丰富、款式众多、容易造型，主要分为亚光和珠光两种类型，具体使用哪种可以根据顾客的需求进行选择（见图1-20）。

图1-17　底胶　　　　图1-18　甲油胶　　　图1-19　封层胶　　　图1-20　光疗胶

（5）琉璃胶：用于琉璃甲的制作，此胶颜色丰富、款式众多、容易造型，但它的流动性比较大（见图1-21）。

（6）雕花胶：用于雕花甲的制作，此胶为固体状，易造型，无味道，使用后需要照灯。该产品深受美甲师喜爱（见图1-22）。

图1-21　琉璃胶

图1-22　雕花胶

（7）指甲油：涂指甲油时先给指甲打底，除用油脂或霜剂涂于指甲周围及根部外，还要在指甲上涂保护层（见图1-23）。

（8）凝胶：黏稠的胶水，遇到凝胶速干剂立即硬化，涂抹于美甲表面（见图1-24）。

（9）贴片胶：用于粘贴指甲贴片或指甲装饰物。贴片胶有3种：稀释胶干燥较快；黏稠胶干燥慢、黏性强；介于两者之间的是中性胶（见图1-25）。

图1-23　指甲油

图1-24　凝胶

图1-25　贴片胶

4. 延长类产品

（1）全贴：透明色，无微笑线，其甲面均匀（见图1-26）。

（2）半贴：甲片多为透明色，但是比全贴的甲片长，而且有明显的微笑线（见图1-27）。

图1-26   全贴

图1-27   半贴

（3）法式贴：用于法式甲的制作，甲片的颜色为白色（见图1-28）。

（4）纸托延长：用于光疗甲和水晶甲的制作（见图1-29）。

图1-28   法式贴

图1-29   纸托延长

5. 水晶类产品

（1）水晶粉：分为白色水晶粉和透明水晶粉。白色水晶粉用于法式指甲和雕花甲的制作；透明水晶粉用于制作延长甲，以及保护指甲（见图1-30）。

（2）水晶液：用于制作水晶甲时稀释水晶粉，气味比较浓烈，在使用的过程中必须戴口罩。未用完的水晶液必须放于水晶杯内，用杯盖盖住以防止挥发（见图1-31）。

图1-30   水晶粉

图1-31   水晶液

6. 彩绘类产品

（1）丙烯颜料：用美甲小笔直接描绘即可。建议到专业美甲店购买该产品（见图1-32）。

（2）彩绘胶：易流动，在使用过程中要注意取量适中，并且在使用后必须照灯（见图1-33）。

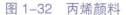

图1-32　丙烯颜料

图1-33　彩绘胶

7. 特殊类产品

（1）卸甲产品：卸甲产品一般有两种，分别为卸甲包（见图1-34）和卸甲水（见图1-35）。卸甲包的特点是方便、快速、干净，主要用于甲油胶的卸除；而卸甲水一般用于各类延长甲、光疗甲、水晶甲的卸除，卸甲水必须和锡箔纸同时使用。

图1-34　卸甲包

图1-35　卸甲水

（2）棉球：用于清除指甲或手指上的污渍（见图1-36）。

（3）锡纸：主要用于卸甲，锡纸能够防腐蚀，具有较好的吸收作用（见图1-37）。

（4）丙酮溶液：用于清洁刷子，去除胶水、指甲油以及其他附着物（见图1-38）。

图1-36　棉球

图1-37　锡纸

图1-38　丙酮溶液

（5）接痕溶解剂：涂抹于自然甲和指甲贴片的接合处，能起到溶解接合处痕迹的作用（见图1-39）。

（6）洗甲棉：清洁甲面和卸甲中的辅助工具（见图1-40）。

图1-39　接痕溶解剂　　　　　　　　　　图1-40　洗甲棉

（二）美甲非消耗品

1 清洁类工具

（1）粉尘刷：用于清洁指甲上的粉尘，其毛质一定要非常柔软，这样才不易伤害皮肤（见图1-41）。

（2）垃圾桶：存放垃圾（见图1-42）。

（3）口罩：用于美甲操作时保护美甲师的安全。最好选用纯色口罩，有专业感（见图1-43）。

（4）消毒液容器：盛放消毒液，浸泡工具，具有消毒作用（见图1-44）。

图1-41　粉尘刷　　　图1-42　垃圾桶　　　图1-43　口罩　　　图1-44　消毒液容器

（5）棉球容器：盛装棉球（见图1-45）。

（6）泡手碗：浸泡手指，加入适量护理液，护理、清洁手部（见图1-46）。

（7）毛巾：用于擦拭浸湿的双手或双脚（见图1-47）。

（8）一次性纸巾：美甲过程中的辅助工具，有清洁擦拭的作用（见图1-48）。

| 图 1-45　棉球容器 | 图 1-46　泡手碗 | 图 1-47　毛巾 | 图 1-48　一次性纸巾 |

2. 打磨类工具

（1）锉条：又名打磨条，常用的锉条为100号（见图1-49）和180号（见图1-50），用于指甲的修形及打磨。100号打磨条颗粒较粗，用于水晶甲形状和其他打磨工作。180号打磨条颗粒较细，用于指皮周围的水晶甲和自然甲前缘打磨，使其光滑平整。无论哪种锉条，在使用一段时间后都需要更换新的。

（2）砂棒：用于去除自然指甲上的凸起和污点（见图1-51）。

| 图 1-49　锉条 100 号 | 图 1-50　锉条 180 号 | 图 1-51　砂棒 |

（3）抛光海绵：用于自然指甲和水晶指甲的抛光。抛光自然指甲时要始终沿一个方向进行抛光，切忌来回打磨，以免指甲破损或使温度升高，海绵用后必须消毒（见图1-52）。

（4）自然甲抛光块：抛光块分为三角体或长方体，两面、三面或四面贴有砂纸，握在手中极为舒适。抛光块与营养油配合使用，用于把水晶指甲打磨光滑（见图1-53）。

| 图 1-52　抛光海绵 | 图 1-53　自然甲抛光块 |

（5）自然甲抛光条：抛光条分为粗、细两种，长条形状，正反两面贴有细砂纸或可

用来抛光的特殊材料，主要用于甲面抛光、真甲表面去死皮、水晶甲和光疗甲打磨甲面（见图1-54）。

（6）蜡抛：又称抛光皮搓，用于自然甲抛光蜡打磨、抛光（见图1-55）。

图1-54   自然甲抛光条　　　　　　　图1-55   蜡抛

3. 修剪类工具

（1）指皮剪：用于修剪死皮。在挑选的过程中要观察死皮剪的尖头部分，不能太粗糙，而且剪口要锋利，方便修剪（见图1-56）。

（2）指皮推：又名钢推，用于清除甲面的死皮。购买钢推时选择推口边缘整齐且锋利的（见图1-57）。

（3）U形剪：只能用于修剪各种人造甲片，不能修剪本甲（见图1-58）。

图1-56   指皮剪　　　　图1-57   指皮推　　　　图1-58   U形剪

（4）指甲剪：修剪指甲长短或形状，可修剪自然甲、贴片甲、水晶甲、凝胶甲等（见图1-59）。

（5）V形推叉：用于推起指甲甲沟及甲壁处的硬指皮（见图1-60）。

（6）水晶钳：用于清除水晶甲，勿使用指皮剪，避免造成工具损坏（见图1-61）。

图1-59   指甲剪　　　　图1-60   V形推叉　　　　图1-61   水晶钳

4. 笔类工具

（1）雕花笔：用于制作水晶平面雕花和立体雕花，用后必须马上清洗，注意在清洗时只能使用水晶液，不能使用清洗啫喱水（见图 1-62）。

（2）排笔：用于美甲彩绘，一般配合丙烯颜料使用，用清水清洗即可（见图 1-63）。

（3）光疗笔：用于光疗甲的制作，用清洗啫喱水清洗（见图 1-64）。

图 1-62　雕花笔　　　　图 1-63　排笔　　　　图 1-64　光疗笔

（4）造型毛笔：用于美甲彩绘和甲油胶款式的制作，用清洗啫喱水清洗（见图 1-65）。

（5）水晶笔：用于水晶甲的制作，使用后直接用水晶液清洗（见图 1-66）。

（6）点钻笔：用于美甲钻的粘贴（见图 1-67）。

（7）拉线笔：用于美甲彩绘线条的制作。笔毛不能分叉，使用后用清洗啫喱水清洗（见图 1-68）。

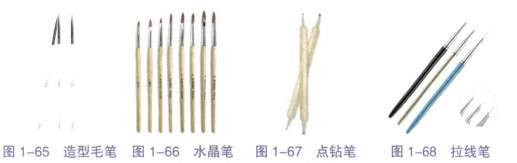

图 1-65　造型毛笔　图 1-66　水晶笔　图 1-67　点钻笔　图 1-68　拉线笔

5. 特殊类工具

（1）美甲工具箱：用于放置美甲产品及工具，建议选用容量较大的，可以容纳更多的美甲产品（见图 1-69）。

（2）镊子：一般分为直的和弯的两种，其作用是方便夹取各种装饰品（见图 1-70）。

（3）水晶杯：用于分装各种美甲液体，以玻璃材质为主（见图 1-71）。

（4）美甲饰品：种类非常多，常见的有钻、贴纸和钢珠等，美甲师可以根据美甲造型的需要选择合适的饰品作为辅助（见图 1-72）。

图 1-69　美甲工具箱　　　图 1-70　镊子　　　图 1-71　水晶杯　　　图 1-72　美甲饰品

（5）橘木棒：用于制作海绵签或清除指甲缝隙处残留胶水或甲油（见图 1-73）。

（6）小剪刀：裁剪装饰纸制品及丝绸、尼龙等纤维制品（见图 1-74）。

（7）甲片盒：盛装甲片（见图 1-75）。

（8）色板：用于展示指甲油色彩（见图 1-76）。

　图 1-73　橘木棒　　　图 1-74　小剪刀　　　图 1-75　甲片盒　　　图 1-76　色板

（9）调色盘：调试颜色，主要用于丙烯调试（见图 1-77）。

（10）黑卡纸：练习排笔彩绘（见图 1-78）。

（11）莲花座：用于甲片制作，作为底座（见图 1-79）。

　　图 1-77　调色盘　　　图 1-78　黑卡纸　　　图 1-79　莲花座

（12）美甲黏土：固定莲花座，起到粘贴作用，可反复使用（见图 1-80）。

（13）垫枕：用于托垫顾客前臂，顾客舒适且美甲师工作方便（见图 1-81）。

（14）饰品盒：盛放钻类等饰品（见图 1-82）。

图 1-80　美甲黏土　　　　图 1-81　垫枕　　　　图 1-82　饰品盒

6. 仪器类工具

（1）美甲灯：又名光疗灯，专门用于美甲工序中烘干光疗胶，多用于美甲沙龙。如今常用的是 LED 灯，因为它小巧、方便、高效（见图 1-83）。

（2）电动打磨机：用于清洁指甲前缘、修复水晶甲、卸甲、打磨、抛光等（见图 1-84）。

（3）蜡膜机：加热融化蜜蜡，能够为顾客进行手足部护理（见图 1-85）。

图 1-83　美甲灯　　　　图 1-84　电动打磨机　　　　图 1-85　蜡膜机

三、美甲工具及产品的卫生要求

（一）美甲环境卫生要求

（1）所使用的美甲类产品、工具、材料、桌椅、墙壁、地板等保持无灰尘。

（2）工作场地照明充足，温度适宜，通风条件好，不得饲养宠物，影响室内空气质量。

（3）所有电器、仪器物品的接头、电线妥善安置，保障安全。

（4）卫生间内无异味，有充足的冷热水及消毒液、皂液、纸巾等物品。

（5）等候区、休息区准备充足的冷热水、一次性纸杯，沙发或座椅保持整洁。

（二）美甲工具及产品的卫生消毒

1. 物理消毒方法

可直接将美甲工具煮沸，或放入蒸汽消毒柜、紫外线消毒柜进行消毒。

（1）紫外线消毒法使用的是紫外线灯。经紫外线灯照射 20 分钟即完成消毒。消毒对象事先必须抹干，适用于木制类的修甲工具。

（2）煮沸法最简单，而且效果最好。将洁净的水持续煮沸，将消毒物品浸入水中，可达到理想的消毒效果。此方法对病原菌、葡萄球菌及结核杆菌有效，适用于不锈钢类工具，如修甲用的剪刀等。

（3）用超过 80℃的高温蒸汽消毒，将毛巾覆盖在需要消毒的美甲用品上，静待 10 分钟以上，即可杀灭细菌。

2. 化学消毒法

（1）乙醇消毒法。乙醇即酒精，是用途最广泛的消毒用品。可将工具放于 60%~80% 的乙醇水溶液中，浸泡 10 分钟以上。适用于手部消毒或刀刃等工具消毒。

（2）氯化物消毒法。此方法不适用于金属制品。氯化物从前常用于漂白、防腐或除臭，有独特的气味，现在一般用次氯酸钠水溶液消毒。次氯酸钠水溶液俗称 84 消毒液。可把消毒物品浸泡在稀释过的 84 消毒液中，放置 10~30 分钟。

（三）根据消毒对象的材料选用特定的消毒方法

使用稀释消毒液时，一定要使用量杯，以确保达到精确的浓度；如果不按比例稀释，效果便会不明显。美甲店的卫生情况取决于美甲师是否具备卫生知识。如果不按照规范处理相关工具和用品，就无法为顾客提供优质的服务。

1. 金属类工具

日常：用洗涤剂洗净，用干净的毛巾或棉片拭干，用 75% 的酒精擦拭消毒。放入消毒柜进行杀菌处理更好，消毒之后放入专用器皿内进行储存保管。

如遇沾有血液的情况，美甲师应避免触碰顾客的伤口及血液，并更换用具。将被污染的工具用洗涤剂洗净后，用 75% 的酒精浸泡消毒，擦净后放入消毒柜进行杀菌处理，放入专用器皿内进行储存保管。

2.非金属类工具（毛巾、布料等）

日常：用洗涤剂洗净，放于阳光充足的通风处晾干，也可以使用烘干机烘干，晾干后，放在固定干净的地方保管；如遇布料沾有血液的情况，布料上的血液无法完全被清除时必须丢弃。

3.消毒器皿和设备保养

日常：定期擦拭干净，分类整理，放置在固定区域，检查配件是否完好等。

1. 小丽初学美甲，作为美甲师的你，如何帮助小丽推荐美甲工具呢？
2. 为顾客结束美甲服务后，如何对金属类进行工具清洁？

美甲师的个人卫生

一、面部卫生

美甲师的面部皮肤要干净、肤色健康，女性工作者可以轻施粉底，但不可浓妆艳抹，给人以不真实的感觉。

二、头部卫生

头发要保持清洁，无异味，要经常洗头，发色要正常、健康，符合工作的需要，美甲师工作时应将头发扎束，避免影响操作。

三、手部卫生

美甲师不宜留过长的指甲，指甲必须修整得很光滑、圆润，避免在操作时刮伤顾客的皮肤，手上的饰品不可太厚重或有尖锐的毛边，避免划伤顾客。美甲师要经常接触顾客的皮肤，所以卫生清洁消毒十分重要。操作前，美甲师应该先洗手，用消毒液消毒双手，再为客人服务。

四、服装卫生

美甲师工作服要舒适、合体、美观大方，经常清洗消毒，避免有异味。操作时要穿戴工作围裙、套袖和一次性口罩。在工作间内，不能穿带跟的皮鞋，避免走动时发出刺耳的响声，鞋袜要清洁、无异味，足浴服务时，必须更换拖鞋。

五、口腔卫生

美甲师要面对面地与顾客交流和沟通，所以口腔卫生十分重要。要保持口气清新、无异味，如果有口腔疾病要及时医治。

 任务三　自然甲生理知识

子任务1 自然甲生理知识

【任务描述】

1. 了解指甲的定义。

2. 了解指甲各部位的名称。

【技能要求】

1. 熟知指甲的功能及作用。

2. 熟知指甲各部位的名称。

知·识·准·备·一　指甲的定义与作用

指甲作为皮肤的附件之一，有着特定的功能。它能保护末节指腹免受损伤，维护其稳定性，增强手指触觉的敏感性，协助手完成抓、挟、捏、挤等动作。同时，指甲也是手部美容的重点，漂亮的指甲有助于增添女性的魅力。

知·识·准·备·二　指甲的结构

指甲的结构如图 1-86 所示。

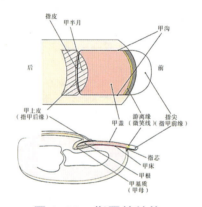

图 1-86　指甲的结构

甲半月：也叫甲弧影，位于甲根与甲床的连接处，呈白色半月形的区域。

甲沟：是沿指甲周围的皮肤凹陷之处，甲壁是甲沟处的皮肤。

甲上皮：是指甲深入皮肤的边缘地带。

角质：甲上皮细胞新陈代谢产生角质，也就是我们常说的死皮。

甲盖：也叫甲板，位于指皮与指甲前缘之间，附着在甲床上。

游离缘：也叫微笑线，位于甲床的前缘。

指芯：是指甲前缘下的薄层皮肤。

甲前缘：也叫指尖，是指甲延伸出甲床的部分。

甲床：位于指甲的下面，含有大量毛细血管和神经，与指甲紧密相连，由于含有毛细血管，所以甲床呈粉红色。

甲根：位于指甲根部皮肤下面，较为薄软，其作用是以新产生的指甲细胞推动老细胞向外生长，促进指甲的更新。

甲基：也叫甲母，位于指甲根部，其作用是产生组成指甲的角质蛋白细胞，是指甲生长的源泉。

子任务2 自然甲生长与健康

【任务描述】

1.了解指甲的生长特点。

2.了解健康指甲的特点。

【实训场地】

美甲实训室，多媒体大屏。

【技能要求】

1.熟知指甲的生长特点。

2.熟知健康指甲的特点。

 知·识·准·备·一　指甲的生长

一、指甲生长的特点

指甲是生长于手指第一节背侧上的一片角质结构，和毛发、汗腺、牙齿一样，在解剖学上被称作皮肤衍生物。指甲的主要成分是角质蛋白。

（1）指甲每天生长 0.1mm，每月生长 3mm 左右，其新陈代谢的周期为 6 个月左右。脚指甲的生长速度约为手指甲的一半。

（2）指甲的生长速度会随着季节的变化而变化。夏季由于天气炎热，人体的新陈代谢也随之加快，因此指甲的生长速度也较快。相比之下，冬季则较慢。

（3）经常运动的手血液循环较快，一般指甲的生长速度比常人快。就个体而言，中指指甲的生长速度最快，其次是食指，再就是无名指，再就是小指，大拇指指甲长得最慢。

（4）经过长期观察发现，男性的指甲生长速度比女性略快；右手指甲比左手长得快；白天比晚上长得快；夏天比冬天长得快；青壮年的指甲比老年和儿童的长得快。

（5）经常生病或长期处于亚健康状态的人，指甲生长速度一般较慢。

二、指甲的类型

健康型：指甲表面平滑圆润，富有弹性，呈粉红色。

干燥型：指甲边缘破损、形成薄片状，有裂开和剥落的现象。

坚硬型：指甲有一定厚度，非常坚硬，一般会呈弯曲状，如鹰嘴，无弹性。这类指甲不容易断裂。

损伤型：指甲薄软，容易破裂，没有光泽。

知·识·准·备·二　　健康指甲的特点

健康的指甲因血液循环充分而呈现自然的粉红色，表面光滑圆润，厚薄适度，形状平滑光洁，呈半透明弧状，表面无纵横沟纹，指甲对称，不偏斜，无凹陷或末端向上翘起的现象，如图1-87、图1-88所示。

图1-87　健康指甲（一）

图1-88　健康指甲（二）

子任务3 问题甲

【任务描述】

　　1. 了解问题甲的种类。

　　2. 学会各种问题甲的养护。

【实训场地】

　　美甲实训室，多媒体大屏。

【技能要求】

　　1. 了解问题甲的种类及特点。

　　2. 会做问题甲的养护。

 知·识·准·备·一 　　**问题甲的定义**

　　问题甲是指甲出现了不健康的状况，影响了指甲的颜色、形状或引起炎症，出现疼痛等（见图1-89）。

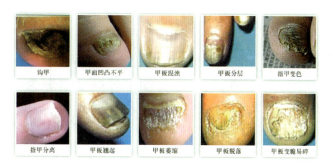

| 钩甲 | 甲面凹凸不平 | 甲板混浊 | 甲板分层 | 指甲变色 |
| 指甲分离 | 甲板翘起 | 甲板萎缩 | 甲板脱落 | 甲板变脆易碎 |

图1-89　问题指甲（一）

 知·识·准·备·二 　　**问题甲的种类及预防与养护**

　　（1）指甲萎缩：经常接触化学品以及指芯受损都容易使指甲萎缩、失去光泽，严重时会使整个指甲剥落。

处理方法：

①指甲萎缩不严重时，可以直接制作水晶指甲或光疗指甲，但要注意卡上指托板的方法。

②指甲萎缩使指芯外露时，可以采用残甲修补法，先制造指甲前缘，再做水晶指甲。

③指甲萎缩严重（萎缩部分超过甲盖上部 1/3）并伴有炎症时，建议顾客去医院治疗。

（2）咬残指甲：咬指甲是一个不好的习惯，多为缺乏安全感、依赖性强所致。

处理方法：

①做水晶甲，不但可以美化指甲，还有助于改掉坏习惯。

②细心修整指甲前缘并营养呵护。

③鼓励顾客定期修指甲和正确营养调理。

（3）指甲淤血：指甲下呈现血丝或出现蓝黑色的斑点，大多数是由于外力撞击、挤压、碰撞而成，也有的是受猪肉中旋毛虫感染或肝病的影响造成。

处理方法：

①如果指甲未伤至甲根、甲基，则指甲会正常生长。可以进行自然甲修护，为甲面涂抹深色指甲油加以覆盖。

②各类美甲方法均可使用，主要是要注意覆盖住斑点部分。

③如果指甲体松动或伴有炎症请顾客去医院治疗。

问题指甲如图 1-90 所示。

指甲萎缩　　　咬残指甲　　　指甲淤血

图 1-90　问题指甲（二）

（4）甲沟破裂：进入秋冬季时，气温逐渐下降，皮肤腺的分泌随之减少，手、脚暴露在外面的部分散热面大，手上的油脂迅速挥发，逐渐在甲沟处出现裂口、流血等破损现象。

处理方法：

①适当减少洗手次数，洗完后，用干软毛巾吸干水分，并擦营养油保护皮肤。

②定期做蜜蜡手护理。

③多食用胡萝卜、菠菜等富含维生素 A 的食物。

（5）指甲起皱：指甲表面出现纵向纹理，一般是由于疾病、节食、吸烟、不规律的生活、精神紧张所致。

处理方法：

①一般情况下，不影响做美甲。此类指甲表面较干燥，经常做手部护理并建议顾客做合理的休息及调养，会使表面症状得到缓解。

②美甲时，表面刻磨时凹凸不平的侧面都要刻磨到位。

（6）蛋壳形指甲：指甲呈白色，脆弱薄软易折断，指甲前缘常呈弯曲前勾状，并往往伴有指芯外露或萎缩的现象，指甲失去光泽，此类指甲大多数由于遗传、慢性疾病、受伤或疾病所致。

处理方法：

①定期做手部护理，加固指甲，使指甲增加营养，增加硬度。

②可以选择做水晶甲、光疗甲。在制作水晶甲时应注意以下几点：A.推指皮时要适度轻推，不能用金属推棒。B.刻磨时应选择细面，即数字大的一面，力度均匀，避免伤害指芯。C.修剪指甲前缘时，应该先剪两侧，后剪中间，避免指甲折断。指甲前缘应留1~2mm 长。

③上指托板时，避免刺激指芯。

④因指甲弯曲前勾，不适于贴甲片，只适合做水晶甲和光疗甲。

（7）甲刺：指手部未保持适度滋润而使指甲根部指皮开裂而长出的多余皮肤，或接触强烈的甲油去除剂或清洁剂所致。

处理方法：

①做手部护理，使干燥的皮肤润泽，用死皮剪剪去多余的内刺。注意不要拉断，避免拉伤皮肤。

②涂抹含有油分较多的润肤剂，并用手轻轻按摩。

③为避免指皮开裂感染而发炎，用含有杀菌剂的皂液浸泡手部。手部护理后，再涂敷抗生素软膏，效果会更理想。

（8）指甲软皮过长：长期没有做手部护理和保养，老化的指皮在指甲后缘过多地堆积，形成褶皱硬皮，包住甲盖，会使指甲显得短小。

处理方法：

①将指皮软化剂涂抹在死皮处，用死皮推将过长的死皮向指甲后缘推动，或用专业的死皮剪将多余的死皮剪除。

②蜜蜡护理法。使指皮充分滋润、软化后再推剪死皮。

③自我护理法。淋浴后，用柔软的毛巾裹住食指轻轻将指皮向后缘推动。将按摩乳液涂抹在手指上按摩。

④建议顾客到专业美甲店进行定期的手部护理保养。

问题指甲如图 1-91 所示。

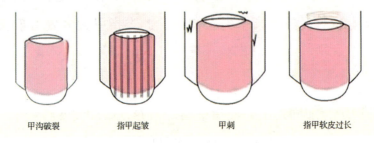

| 甲沟破裂 | 指甲起皱 | 甲刺 | 指甲软皮过长 |

图 1-91　问题指甲（三）

（9）指甲过宽或过厚：多半发生在脚指甲上，主要由于缺乏修整或由于鞋子过紧所致。遗传、细菌感染或体内疾病都会影响指甲的生长。

处理方法：

①做足部护理。

②用抛光块去除过厚部分。

（10）甲峰：由指甲疾病或者外伤造成，指甲厚又干，表面有峰状凸起。

处理方法：可以通过打磨使指甲完整。

（11）指甲破折：由于长期接触强烈的清洁剂、显影剂，强碱性肥皂及化学品所致。美甲师长期接触卸甲液、洗甲水等含有丙酮及刺激性的化学物质，或者剪锉不当，手指受伤、患关节炎等身体疾病都会造成指甲破裂。

处理方法：

①从指甲两侧小心将破裂的指甲剪除。

②做油式电热手护理或定期做蜜蜡手护理可以缓解。

③工作时戴防护手套，避免长期接触化学品的侵蚀。

④多食用含维生素 A、C 类的蔬菜和鱼肝油。

⑤做水晶甲可以改变和防止指甲破裂。

（12）白斑甲：白斑是由于缺乏锌元素，或指甲受损空气侵入所致，也可能由于长期接触砷等重金属而使指甲表面产生白色横纹斑，另外也可能是由于指甲缺乏角质素。

处理方法：只需要定期做手部护理和美甲即可。

问题指甲如图 1-92 所示。

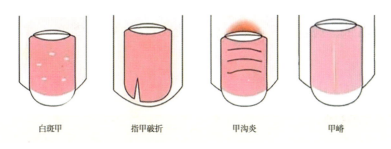

| 白斑甲 | 指甲破折 | 甲沟炎 | 甲嵴 |

图 1-92　问题指甲（四）

（13）指芯外露：经常接触碱性强的肥皂和化学品，或清理指尖时过深地探入，损伤指芯，都容易造成指芯明显向甲床萎缩，指尖出现参差不齐的现象，严重时会导致指甲完全脱落。

处理方法：避免刺激指芯。平时接触化学品后，应用清水清洗干净，并定期做手部护理，在指甲表面涂上营养油，促使指甲迅速恢复正常。

①稍有指芯外露现象，可以做美甲服务，做延长时，应注意纸托板的上法。

②指甲萎缩严重并伴有类症时，不能做美甲服务，应该去医院治疗。

（14）嵌甲：是甲沟炎的前期，大多数发生在脚指甲上。主要是穿鞋过紧或修剪不当所致。女性长期穿高跟鞋，给脚增加压力，会造成脚指甲畸形生长。

处理方法：可做水晶甲矫正。

（15）勺形指甲：是缺乏钙质、营养不良，尤其是缺铁性贫血的症状。

处理方法：

①定期做手部营养护理。

②多食用绿色蔬菜、红肉、坚果 (尤其是杏仁) 等富含矿物质的食物。

③做延长甲时应修剪上翘的指甲前缘，并填补凹陷部位，注意卡指托板的方法。

（16）甲沟炎：甲沟炎即在甲沟部位发生的感染。多因甲沟及其附近组织刺伤、擦伤，嵌甲或拔"倒皮刺"所致。感染一般由于细菌或真菌感染所引起，特别是白色念珠菌会造成慢性感染，并有顽强的持续性。

处理方法：

①保护双手（脚），不要长时间在水中或肥皂水中浸泡，洗手（脚）后要立即擦干。

②正确修剪指甲，将指甲修剪成方形或方圆形，不要将两侧角剪掉，否则新长出的指甲容易嵌入软组织中。

③定期做手、足部护理保养，可以缓解感染。

④如果患处已化脓，应消毒后将疮刺破让脓流出，缓解疼痛，并使用抗真菌的软膏轻敷在创口处。

⑤情况严重者，应尽快就医。

问题指甲如图 1-93 所示。

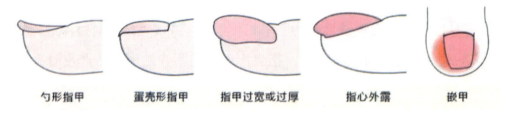

勺形指甲　　蛋壳形指甲　　指甲过宽或过厚　　指心外露　　嵌甲

图 1-93　问题指甲（五）

单元回顾

本项目对美甲概论进行理论讲解，讲述了美甲文化、美甲工具及用品和科学认识指甲，主要对美甲初学者在美甲概念和美甲产品、工具的应用、消毒，指甲的构造方面进行学习指导，同时也对美甲师的职业素养提出了要求，为今后从事美甲行业的工作规范与工作思路奠定基础。

单元练习

一、判断题

1. 在 1995 年，北京的李安女士成立了安丽泰玉指艺术有限公司，开创了国内现代美甲历史的先河。　　　　　　　　　　　　　　　　　　　　　　（　　）

2. 近代美甲业的起步阶段是在 2004—2009 年。　　　　　　　　　　（　　）

3. 21 世纪的美甲行业将会进入星级化管理，向标准化、规范化、国际化发展，美甲业将成为中国的"朝阳产业"。　　　　　　　　　　　　　　　　　　（　　）

4. 美甲是一门技术课程，同时又有丰富的文化艺术内涵。　　　　　　（　　）

5. 在古代由于文化和环境的约束，不可能有专业的美甲师，这种美容、美发、美肤、美甲的工作一般是由母亲传授女儿，姐妹之间交流，婢女协助来完成。　　（　　）

6. 酒精是一种专业消毒产品，具有杀菌消毒的功效。在美甲中一般用于对工具的消毒。在购买时建议选择 95% 的酒精。　　　　　　　　　　　　　　　　（　　）

7. 用于保护彩色指甲油、保持指甲光泽的是亮油。　　　　　　　　　（　　）

8. 免洗封层胶在照灯后不用清洗，而擦洗封层胶在照灯后需用清洁啫喱水清洗，否则甲面就会有浮胶。　　　　　　　　　　　　　　　　　　　　　　　（　　）

9. 水晶溶液用于制作水晶甲时稀释水晶粉，无异味。　　　　　　　　（　　）

10. 锉条：又名打磨条，常用为 100 号和 180 号。用于指甲的修形及打磨。

（　　）

11. 180 号打磨条颗粒较粗，用于水晶甲形状和其他打磨工作。100 号打磨条颗粒较细，用于指皮周围的水晶甲和自然甲前缘打磨，使其光滑平整。　　　　　（　　）

12. V 形推叉用于推起甲沟及甲壁处的硬指皮。　　　　　　　　　　（　　）

13. 美甲产品与工具消毒中，紫外线消毒法最简单，而且效果最好。　（　　）

14. 蒸汽法是使用超过 80℃ 的高温蒸汽，将毛巾覆盖在需要消毒的美甲用品上，静待 10 分钟以上即可杀灭细菌。　　　　　　　　　　　　　　　　　　　（　　）

15. 指甲能保护末节指腹免受损伤，维护其稳定性，增强手指触觉的敏感性。（　　）

16. 指甲的生长速度会随着季节的变化而变化。夏季由于天气炎热，人体的新陈代谢也随之加快，因此指甲的生长速度也较快。相比之下，冬季则较慢。　　　（　　）

17.指甲的主要成分是角质蛋白。　　　　　　　　　　　　　　　　　（　　　）

18.甲根位于指甲根部皮肤下面，较为薄软，其作用是以新产生的指甲细胞推动老细胞向外生长，促进指甲的更新。　　　　　　　　　　　　　　　　　（　　　）

19.指甲上的白斑点是由于缺乏锌元素，或指甲受损、空气侵入所致。　（　　　）

二、选择题

1.现代美甲兴起于20世纪（　　　）年代。

A. 20　　　　　B. 30　　　　　C. 50　　　　　D. 80

2.2003年（　　　）月18日美甲被劳动部确定为新的职业。

A.2　　　　　　B.5　　　　　　C.8　　　　　　D.12

3. 在公元前（　　　）年，埃及纳麦法老就已使用散茉花叶榨出的红色汁液染指甲、手掌和脚底。

A.3500　　　　B.5000　　　　C.500　　　　D.2000

4.用于清除甲面的死皮的美甲修剪工具是（　　　）。

A.指皮推　　　B.指皮剪　　　C.V形推叉　　　D.U形剪

5.（　　　）用于去除自然指甲上的凸起和污点。

A.锉条　　　　B.砂棒　　　　C.抛光海绵　　　D.自然甲抛光条

6.白色水晶粉用于（　　　）和雕花甲的制作。

A.修饰指甲　　B.保护指甲　　C.延长甲　　　D.法式指甲

7.（　　　）分为粗、细两种，长条形状，正、反两面贴有细砂纸或可用来抛光的特殊材料，主要用于甲面抛光、真甲表面去死皮、水晶甲和光疗甲打磨甲面。

A.抛光条　　　B.抛光块　　　C.抛光蜡　　　D.抛光海绵

8.（　　　）消毒法不适用于金属制品。

A.乙醇　　　　B.紫外线　　　C.煮沸　　　　D.氯化物法

9.（　　　）用于清洁指甲上的粉尘，其毛质一定要非常柔软，这样才不易伤害皮肤。

A.排笔　　　　B.砂棒　　　　C.扁平刷　　　D.粉尘刷

10.贴片胶有3种，稀释胶干燥较（　　　），黏稠胶干燥（　　　），黏性强，介于两者之间的是中性胶。

A.快；慢　　　B.慢；快　　　C.一般；快　　　D.慢；一般

11.以下不属于美甲工具的是（　　　）。

  A.排笔、美甲箱、砂棒、锉条、水晶杯、水晶液

  B.橘木棒、指皮剪、磨砂条、抛光海绵

  C.莲花座、黏土、光疗机、调色盘、水晶钳

  D.V形推剪、电动打磨机、一字剪、拉线笔

12.甲上皮细胞新陈代谢产生角质，也就是我们常说的（　　　）。

  A.死皮　　　　B.甲半月　　　C.倒刺　　　　D.硬皮

13.指甲新陈代谢的周期一般为（　　　）个月左右。

  A.一　　　　　B.三　　　　　C.四　　　　　D.六

14.（　　　）也叫甲母，位于指甲根部，其作用是产生组成指甲的角质蛋白细胞。

  A.甲后缘　　　B.甲基　　　　C.甲半月　　　D.甲沟

三、填空题

1.美甲就是对(　　　)及(　　　)表面进行清洁、护理、保养、修整及美化设计的工作。

2.利用（　　　）或（　　　）在指甲上绘制出图案，将风景、植物、卡通人物等各种图案绘制于指甲上，为美甲增添更多的艺术感的美甲就是彩绘甲。

3.手足基础护理是对手部和足部的指甲进行（　　　）、护理，从而使指甲健康光泽。

4.（　　　）是通过水晶液和水晶粉的融合塑造出修长的人造甲。

5.（　　　）涂在指甲油前，可增加指甲油附着力。

6.（　　　）又称干燥剂，其产品呈水状，作用是增加甲油胶、光疗胶的附着力，防止胶体脱落，平整甲面，去除多余油脂和水分。

7.（　　　）也称结合剂，用在涂干燥剂之后、涂甲油胶之前，其作用是使自然指甲与假指甲紧密贴合。

8.U形剪只能用于修剪各种人造甲片，不能修剪（　　　）。

9.（　　　）用于美甲彩绘，一般配合丙烯颜料使用，用清水清洗即可。

10.（　　　）专门用于美甲工序中烘干光疗胶，多用于美甲沙龙。

11.美甲产品与工具消毒方法中，（　　　）法最简单，而且效果最好。

12.甲半月也叫（　　　），位于甲根与甲床的连接处，呈白色半月形。

13.健康的指甲因血液循环充分而呈现自然的（   ），表面光滑圆润，厚薄适度，形状平滑光洁，呈半透明弧状，表面无纵横沟纹，指甲对称、不偏斜，无凹陷或末端向上翘起的现象。

14.游离缘也叫（   ），位于甲床的前缘。

15.指甲的生长速度因季节的变化而有所不同，一般夏季长得较（   ），冬季长得（   ）些。

16.甲沟炎就是在（   ）部位出现感染。

四、简答题

1.美甲的概念是什么？

2.近代美甲业的发展有哪五个阶段？

3.美甲的分类有哪些？

4.美甲环境在卫生方面应注意什么？

5.美甲产品与工具有哪些消毒方法？

6.简述美甲产品的分类。

7.简述美甲工具的分类。

项目二　自然甲基础修护

知识目标 ◀

1. 掌握指甲形状的定义。
2. 了解每种甲形的特点。
3. 掌握指甲打磨的方法。
4. 掌握自然指甲的修护方法。
5. 掌握自然趾甲的修护方法。
6. 掌握指甲和趾甲的养护方法。
7. 了解指甲和趾甲修护的注意事项。

能力目标 ◀

1. 掌握美甲工具摆台、消毒工作流程，对使用过的用品能进行分类、分新旧进行登记。
2. 能根据顾客需求打磨自然甲。
3. 能根据顾客手形推荐适合的甲形。
4. 能够独立与顾客进行沟通并进行制作方案的设定。
5. 能根据顾客需求进行自然甲基础修护。
6. 能根据顾客日常习惯，告知指甲和趾甲的养护方法。

素质目标 ◀

1. 具备一定的审美与艺术素养。
2. 具备一定的语言表达能力和与人沟通能力。
3. 具备良好的卫生习惯与职业道德。
4. 具备敏锐的观察力与快速应变能力。
5. 具备较强的创新思维能力与动手实践能力。

任务一 指甲形状设计与打磨

【任务描述】

能够在 60 分钟内完成不同甲形的打磨。

【用具准备】

酒精喷雾、消毒棉、砂条等。

【实训场地】

美甲实训室（20 套工作台、多媒体大屏、空调）。

【技能要求】

1. 能够熟练地运用工具。

2. 能够熟练地完成不同甲的打磨。

知·识·准·备·一 》》 指甲的形状

　　指甲的形状，就是指覆盖在甲床上的指甲的形状，它是与生俱来的。而且每个人同一只手上不同手指指甲板的形状也是不同的。指甲前缘一般被修剪成5种形状：方形、方圆形、圆形、椭圆形、尖形。脚指甲则一般被修剪为圆形或方形。

一、方形甲

　　方形甲的甲前缘呈水平直线，两侧甲沟延长线平行且与前缘垂直，形成两个锐利的角。方形甲是经典法式美甲的造型之一，如图2-1所示。

图2-1　方形甲

　　方形甲造型效果：前端基本为直线型，棱角更加分明，让人觉得更加干练，增加气势，如图2-2所示。

图2-2　方形甲造型

二、方圆形甲

　　方圆形甲前缘成水平直线，两侧甲沟延长线平行，甲沟延长线与前缘交界处呈圆滑过渡，两侧弧度对称。方圆形是兼具圆形和方形的指甲，也是多数人会选择的指甲类型，如图 2-3 所示。

图 2-3　方圆形甲

方圆形甲造型效果：有棱有角，指甲的前端稍微带有弧度的直线，两侧弯弯的，柔中带刚，更加时尚，如图 2-4 所示。

图 2-4　方圆形甲造型

三、圆形甲

圆形甲两侧甲沟延长线平行，前缘呈小弧形（小于半圆），如图 2-5 所示。

图 2-5　圆形甲

圆形甲造型效果：指甲不超过手指边缘，相对较短，小巧可爱，圆滑的弧度会显得双手细长，如图 2-6 所示。

图 2-6 圆形甲造型

四、椭圆形甲

椭圆形甲前缘呈大圆弧（大于半圆），甲沟延长线 A 点到 B 点呈圆弧形，并大于半圆，如图 2-7 所示。

图 2-7 椭圆形甲

椭圆形甲造型效果：长度超过手指边缘，线条流畅圆润，没有锋利的尖角，不仅塑造修长的手指，还能增加魅力，如图 2-8 所示。

图 2-8 椭圆形甲造型

五、尖形甲

尖形甲两侧甲沟延长线为对称斜线，前缘呈弧形，如图 2-9 所示。

如图 2-9   尖形甲

尖形甲造型效果：前卫的尖形指甲最适合搭配水晶甲或艺术美甲，在中欧和亚洲很流行，如图 2-10 所示。

图 2-10   尖形甲造型

知·识·准·备·二   甲形打磨

一、方形甲的打磨

右手平握砂条，左右拇指和食指握住甲片的后缘，砂条与指甲前缘呈 90°，从甲片两侧向中央打磨指甲的前缘，两侧打磨出 90° 直角，如图 2-11 所示。

图 2-11   方形甲的打磨

二、方圆形甲的打磨

右手平握砂条，左右拇指和食指握住甲片的后缘，将指甲打磨成前缘水平的方形甲，从两侧向中间分别打磨，两边要保持对称。将两侧的直角磨圆，直至指甲前缘呈现圆弧。方圆形指甲的特点是两侧依然可见明显的直线，不要将边角磨得太圆滑，如图2-12所示。

图2-12　方圆形甲的打磨

三、圆形甲的打磨

右手平握砂条，左右拇指和食指握住甲片的后缘，从指甲前缘两侧向中央打磨，甲沟延伸出的指甲要对称。将指甲前缘开始拐角的部位磨成明显的圆弧，如图2-13所示。

图2-13　圆形甲的打磨

四、椭圆形甲的打磨

右手平握砂条，左右拇指和食指握住甲片的后缘，从指甲前缘两侧向中间打磨，甲沟延伸出的指甲要对称。继续从指甲的边缘向中间打磨，使得两侧向中间呈现椭圆形，如图2-14所示。

图 2-14　椭圆形甲的打磨

五、尖形甲的打磨

　　右手平握砂条，左右拇指和食指握住甲片的后缘，仔细打磨指甲两侧，呈现两边对称、向上越来越细的形状。从两侧向中间打磨出锥形，直至得到顾客需要的效果，如图 2-15 所示。

图 2-15　尖形甲的打磨

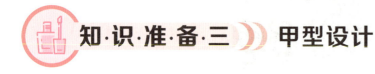
知·识·准·备·三 甲型设计

一、方形甲的设计

　　方形指甲的受力部位比较均匀，不易断裂，最为坚固和持久。因此它适合使用指甲前缘频率较高的人群，如秘书或计算机程序设计师更倾向于较短的方形指甲，方形甲也适合于个性鲜明及手指粗壮、骨节突出的顾客。

二、方圆形甲的设计

方圆形甲最为时尚和持久，经常搭配金属色显得很时髦，也是最实用的甲形。因此它适合经常展示自己手指的人群，如接待员或推销员等，也适合手型均匀、甲床较宽和指甲脆弱、骨节明显的顾客。

三、圆形甲的设计

圆形甲前缘是完美的弧度，这款甲形不易折断，温柔典雅。适合手型纤细、形状较好的顾客，尤其适合前缘比较短的顾客，也是适合男士的一款甲形。

四、椭圆形甲的设计

椭圆形甲呈现的是柔美而自然的感觉，线条流畅柔美，高贵典雅，适合手型比较丰满的顾客，椭圆形的弧度可以使手指变得修长，一般顾客都能接受，在不确定的情况下可以修此形，也适合对自己手的形状比较关心的和比较传统的顾客。

五、尖形甲的设计

尖形甲的指尖接触面积小，易断裂，属于个性派甲形，多配合潮流的服装和化妆。适合手小、手指纤细的顾客。应顾客要求将指甲修成尖形，可使手显得修长、玲珑秀美。但手大、掌宽、指粗的人不适合选择这种甲形。

实·践·操·作　　　**圆形甲打磨**

圆形甲打磨的技巧、步骤与方法

第一步 **消毒** 用酒精喷雾将顾客和自己的双手以及所使用的工具进行消毒处理，如图2-16所示。

图 2-16　消毒

第二步 **甲形打磨准备** 用左手大拇指、食指托住顾客的手指，右手握住砂条的后三分之一处，如图 2-17 所示。

图 2-17　甲形打磨准备

操作技巧：消毒顾客双手时用左手挡一下，避免喷到顾客衣服上；消毒好的工具使用之前用消毒棉擦掉多余酒精；自然甲修护完成后进行甲形打磨。

第三步 **打磨圆形甲** 用砂条从指甲前缘两侧向中间打磨，甲沟延伸出的指甲要对称。指甲前缘呈圆弧，如图 2-18 所示。

图 2-18　打磨圆形甲

第四步 **检查甲形** 检查单手、双手指甲打磨形状、长短是否统一，如图 2-19 所示。

图 2-19　检查甲形

操作技巧：左手大拇指、食指要托住顾客的手指，切忌用力。打磨指甲要轻柔，速度要慢，对指甲进行修边时，要始终沿着一个方向进行，切忌来回打磨。检查甲形时，双手托住顾客的双手，力度要轻柔。

第五步 **除尘** 用粉尘刷自指甲后缘向指甲前缘方向轻扫，进行除尘，如图2-20所示。

图 2-20　除尘

第六步 **涂营养油** 甲缘皮肤涂抹营养油，用右手拇指进行顺时针打圈按摩至吸收，如图2-21所示。

图 2-21　涂营养油

操作技巧：涂抹营养油适量，按摩力度轻柔。

第七步 **检查打磨效果** 检查完成后的圆形甲打磨效果如图2-22所示。

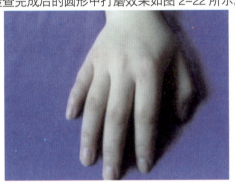

图 2-22　检查打磨效果

操作技巧：检查清洁毛边。

任·务·评·价

评价标准分值		得分				
		分值	学生自评	学生互评	教师评定	企业评定
准备工作	准备物品齐全	10				
	准备物品整洁	5				
	操作者仪容仪表（头发整齐、穿着实训服和佩戴工牌）	5				

续表

评价标准分值		得分				
		分值	学生自评	学生互评	教师评定	企业评定
时间限制	在规定时间内完成此任务	10				
礼仪素养	在操作中与顾客交流顺畅，动作规范轻柔，过程井然有序，不慌乱	10				
技能操作	根据顾客手型，选择合适的甲形	10				
	双手甲形一致、对称，指甲长短一致	10				
	长度符合顾客要求	10				
	甲形打磨标准、无毛边	10				
整理工作	工具整理	5				
	卫生清理	5				
	安全检查	10				

综·合·运·用

　　美甲师元元接到了一位手指修长的顾客委托，要打磨尖形甲，作为美甲师的她应从哪几方面进行沟通与制作？在制作时应注意哪些事项？

自然甲基础修护

【任务描述】

能够在60分钟内完成自然指甲/趾甲的基础修护。

【用具准备】

消毒水、消毒棉及容器、酒精、枕手垫、泡手碗、泡脚桶、指甲刀、指皮推、指皮剪、底油、软化剂、营养油、橘木棒、毛巾（4条及以上）、纸巾、毛刷、搓条、抛光块、护手霜。

【实训场地】

美甲实训室（20套工作台、多媒体大屏、空调）。

【技能要求】

1. 能够熟练地运用工具。

2. 能够熟练地完成指甲和趾甲的基础修护。

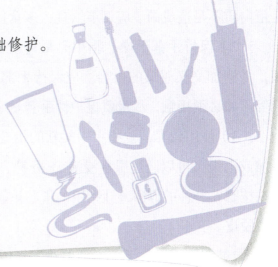

知·识·准·备·一 》》 自然指甲修护

无论是握手还是递名片，人们会对对方的手及指甲产生第一印象，进而让手和指甲的印象影响到对对方的印象。因此公共场合不仅手要干净，一部分职场女性还会进行美甲修饰，以衬托出职业特性。

指甲是皮肤的一部分，能够反映出一个人的健康状况。健康的指甲应当是粉色的，中间无浊色，表面光滑且有光泽，指甲修护后不仅让人赏心悦目，也让其他人觉得端庄得体，如图 2-23 所示。

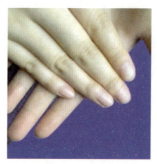

图 2-23 健康的手指甲

一、指甲养护方法

（1）补充蛋白质。指甲主要是由蛋白质组成的，若指甲底部出现白色横纹，有可能是蛋白质不足造成的。应调节饮食，多食用豆类、果仁、蛋和肉类等富含高蛋白的食物。

（2）保持手部干燥。指甲是最可能储存细菌的部位，在潮湿的环境下容易滋生病菌，并增加交叉感染的机会。应保持手部干燥，减少接触各种刺激物，如肥皂、有机溶剂等。如必须接触，尽量戴保护性手套。

（3）使用营养油。指甲中柔软的指芯部位，容易因保护不周或手指遭受撞击，出现萎缩或消失。可以通过温水浸泡 15 分钟、热毛巾敷 5 分钟，结合由甲根向甲前缘方向营养油按摩 5 分钟的方法，让指甲的指芯重新生长；也可以常用营养油涂抹指芯，减少指芯开裂脱皮。

（4）使用无甲醛无丙酮的甲油。指甲具有透气性，含重金属等矿物质的甲油，会通过指甲渗透到体内，对身体造成伤害。应选用无甲醛或丙酮的甲油，或以醋酸盐替代的甲油。使用的次数一周不超过 1 次，甲油停留在指甲上的时间 1 次不超过 5 天。

（5）涂抹护甲油。甲板较薄的指甲容易受伤或破裂，应定期涂抹护甲油，并常用含有果酸或磷脂质成分的指甲修护霜涂抹指甲。

二、指甲修护注意事项

（1）涂好指甲底油。指甲油色彩丰富、配料复杂，直接涂抹易导致指甲变黄和变薄，所以涂指甲油前要先涂抹指甲底油，它能隔绝指甲油与指甲的直接接触，同时减少颜料的渗透。

（2）选择修甲工具。合适的修甲工具有利于高效地完成修护步骤，减少工具与甲板不贴合或摩擦程度不均匀等事故的发生。

（3）正确搭配指甲油颜色。指甲形状有五种类型，指甲油颜色应与甲形配合，共同起到修饰手指的作用，切忌短小指甲配深色指甲油。

实·践·操·作·1 　　自然指甲修护

自然指甲修护的技巧、步骤与方法

第一步 **消毒** 用酒精喷雾将顾客和自己的双手及所使用的工具进行消毒处理，如图 2-24 所示。

图 2-24　消毒

第二步 **清洁甲面（去甲油）** 用洗甲水清洁甲面，如图 2-25 所示。

图 2-25　清洁甲面

操作技巧：消毒顾客双手时用左手挡一下，避免喷到顾客衣服上；消毒好的工具用之前用干棉片擦掉酒精；修剪指皮要彻底，不能有毛边。

第三步 **修甲形** 用搓条打磨出顾客需求的甲形，如图 2-26 所示。

图 2-26 修甲形

第四步 **浸泡双手** 将手浸入温水中，5 分钟后换另一只手，如图 2-27 所示。

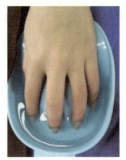

图 2-27 浸泡双手

操作技巧：打磨指甲要轻柔，速度要慢。对指甲进行修边时，要始终沿着一个方向进行，切忌来回打磨。泡手的水温控制在 35℃ ~40℃。

第五步 **指皮软化** 浸泡过的手擦干水分，将软化剂均匀涂于指甲沟、甲弧影处，如图 2-28 所示。

图 2-28 指皮软化

第三步 **推指皮** 用椭圆扁头的橘木棒，将手指上老化的指皮往掌心方向推动，用尖头的橘木棒缠绕棉花清洁甲面上的角质，如图 2-29 所示。

图 2-29 推指皮

操作技巧：软化剂不能涂到甲面上，避免甲面被软化。推指皮时应用力适度，不可用力过猛，以免损伤甲面，否则会影响指甲的生长。

第七步 **剪指皮** 用指皮钳剪去刚推完的指皮、肉刺，使指甲周围干净整齐，如图 2-30 所示。

图 2-30 剪指皮

第八步 **涂营养油** 指甲边缘涂抹营养油，并按摩至吸收，如图 2-31 所示。

图 2-31 涂营养油

操作技巧：使用指皮钳时注意不可拉扯，应直接剪断，以免损伤指皮，亦不可剪得太深。抛光时不可来回摩擦。

第九步 **甲面抛光** 用抛光块对指甲进行抛光，如图 2-32 所示。

图 2-32　甲面抛光

第十步 **涂底油** 根据顾客的指甲质地来选择底油，如果指甲较软即可使用加钙底油，如图 2-33 所示。

图 2-33　涂底油

操作技巧：美甲之前都需要涂底油，肉粉色配合健康色亮油，乳白色配合透明甲油。亮油不可涂太厚。

第十一步 **涂亮油** 亮油可以保护甲面，如图 2-34 所示。

图 2-34　涂亮油

第十二步 **完成** 完成自然指甲修护，如图 2-35 所示。

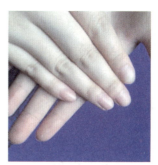

图 2-35　完成

操作技巧：涂抹营养油适量，按摩力度轻柔。

知·识·准·备·二　自然趾甲修护

一、趾甲养护方法

（1）注意脚部卫生。趾甲位于负责人体行动的脚趾上，要选择透气的鞋，勤换袜子，避免脚出汗，每日清洗脚部，保证脚趾和趾甲的卫生。

（2）涂抹润肤油。脚趾皲裂主要是由于皮肤出汗、出油少，皮肤含水量下降，皮肤失去弹性而干燥开裂。用热水泡脚，涂抹润肤油进行滋润，可以使脚趾皲裂在较短时间内得到恢复，如图 2-36 所示。

图 2-36　健康的趾甲

（3）正确修剪趾甲。趾甲长入肉内容易引起甲沟炎。趾甲不宜剪得过短，长于甲沟为宜。

（4）消除脚部疲劳。可在温水中加入一小杯米醋，泡脚 15 分钟，再垫高脚部平躺 30 分钟，缓解脚部疲劳感。

二、趾甲修护注意事项

（1）趾甲不能剪太短。沿着趾甲剪成一条直线就可以了。

（2）注意打磨趾甲边缘。趾甲剪完之后，会有毛边容易刮伤自己或刮破丝袜，趾甲前缘需要打磨。

（3）泡脚之后再剪趾甲。趾甲有吸水性，用温水泡脚后，趾甲就会软化，方便修甲。

实·践·操·作·2　　自然趾甲修护

自然趾甲修护的技巧、步骤与方法

第一步 **消毒** 用酒精喷雾将顾客的双脚和自己的双手及所使用的工具进行消毒处理，如图 2-37 所示。

图 2-37　消毒

第二步 **洗脚** 用温水和香皂为顾客清洗双脚，如图 2-38 所示。

图 2-38　洗脚

操作技巧：为顾客消毒双脚时用左手挡一下，避免喷到顾客衣服上；将消毒好的工具用干棉片擦掉多余的酒精；洗脚的水温控制在 35℃~40℃。

第三步 **戴分趾器** 铺好毛巾，戴好分趾器，如图 2-39 所示。

图 2-39　戴分趾器

第四步 **清洁甲面（去甲油）** 用洗甲水清洁甲面，如图 2-40 所示。

图 2-40　清洁甲面

操作技巧：戴分趾器要逐一放入，不可用力按入。

第五步 **修甲形** 根据顾客脚型修剪趾甲，如图 2-41 所示。

图 2-41　修甲形

第六步 **软化趾皮** 擦干脚趾，将软化剂均匀涂于趾甲沟、甲弧影处，如图 2-42 所示。

图 2-42　软化趾皮

操作技巧：打磨趾甲要轻柔，速度要慢。对趾甲进行修边时，要始终沿着一个方向进行，切忌来回打磨；软化剂不能涂到甲面上，避免甲面被软化。

第七步 **推趾皮** 用趾皮推或椭圆扁头的橘木棒，将趾甲上老化的趾皮往脚背方向推动，用尖头的橘木棒缠绕棉花清洁甲面上的角质，如图 2-43 所示。

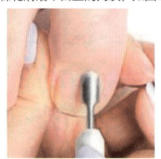

图 2-43　推趾皮

第八步 **剪趾皮** 用趾皮钳剪去刚推完的趾皮、肉刺，使趾甲周围干净整齐，如图 2-44 所示。

图 2-44　剪趾皮

操作技巧：推趾皮时应用力适度，不可用力过猛，以免损伤甲面，否则会影响趾甲的生长；使用趾皮钳时注意不可拉扯，应直接剪断，以免损伤趾皮，亦不可剪得太深；修剪趾皮要彻底，不能有毛边。

第九步 **涂营养油** 在趾甲边缘涂抹营养油，并按摩至吸收，如图 2-45 所示。

图 2-45　涂营养油

第十步 **甲面抛光** 用抛光块对趾甲进行抛光，如图 2-46 所示。

图 2-46　甲面抛光

操作技巧：涂抹营养油适量，按摩力度轻柔；抛光时不可来回摩擦。

第十一步 **涂底油** 根据顾客的趾甲质地来选择底油，如果趾甲较软可使用加钙底油，如图 2-47 所示。

图 2-47　涂底油

第十二步 **涂亮油** 亮油可以保护甲面，如图 2-48 所示。

图 2-48　涂亮油

操作技巧：美甲之前都需要涂底油，肉粉色配合健康色亮油，乳白色配合透明甲油；亮油不可涂太厚。

第十三步 **完成** 完成自然趾甲修护，如图 2-49 所示。

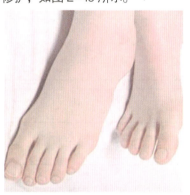

图 2-49　完成

任·务·评·价

评价标准分值		得分				
		分值	学生自评	学生互评	教师评定	企业评定
准备工作	准备物品齐全	5				
	准备物品整洁	5				
	操作者仪容仪表（头发整齐、穿着实训服和佩戴工牌）	5				
时间限制	在规定时间内完成此任务	10				
礼仪素养	在操作中与顾客交流顺畅、动作规范轻柔，美甲工作台物品整洁	5				
技能操作	自然甲修护步骤连贯顺畅	10				
	每个趾甲护理力度一致、均匀	10				
	护理内容符合顾客要求	10				
	趾皮修剪干净，无伤口，无毛边	10				
	底油、亮油涂抹干净，边缘整洁	10				
整理工作	工具整理	5				
	卫生清理	5				
	安全检查	10				

综·合·运·用 ▶▶

美甲师小雅，接到了一位在职场工作的女顾客委托，要进行手指甲修护，她应从哪几方面进行沟通？在指甲修护时应注意哪些事项？

单元回顾

本单元主要学习了指甲形状设计与打磨和自然甲基础修护，包含两个项目和两个任务，分别是指甲的形状、甲形打磨、甲形设计、自然指甲修护以及自然趾甲修护。这两个项目在实际工作中运用较多，也是较基础的技能，是每一位从业美甲师必须掌握的技能，掌握了它们的操作技巧和步骤，就能在美甲行业中立于不败之地。

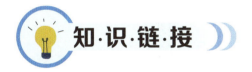知·识·链·接 ▶▶

一、了解护甲油

1. 护甲油和底油的区别

护甲油是用来保护指甲的一种指甲油。一般是透明色，不做美甲时也可以涂，既能保护指甲又能呈现莹润光泽。但是单纯的护甲油不能当作底油使用，因为它没有底油那种防止色素渗透的作用。

底油是隔离指甲油和指甲接触的一种甲油。做美甲时必须涂抹底油，它能够有效隔离色素。底油可以保护指甲，但没有使指甲呈现光泽的作用。

2. 护甲油的作用

护甲油总的成分和指甲油相差不多，但是它的色素含量比指甲油少，所以护甲油都

是透明的或者是淡彩的。护甲油的最大作用就是使指甲呈现健康光泽，防止部分鲜艳的甲油色素渗入指甲中。护甲油能够均匀地涂在指甲上填满指甲表面不平整的凹陷，让指甲油能很好地涂抹并显色；还可以调整指甲的颜色，为指甲打底后再涂指甲油。

3. 护甲油的选择

选择护甲油首先要考虑它的色泽、光滑度和气味。一般好的护甲油色泽会比较光亮，涂在指甲上光滑度相对来说较高，气味不刺鼻。有的护甲油干得非常快，可能是里面加入了一些速干剂，对光泽度和牢固度都有很大的影响，因此不建议购买速干护甲油。护甲油可以单独使用，也可以在涂指甲油之前使用。护甲油有很多种颜色，一般来说选择健康色比较好。

单元练习

一、判断题

1. 泡手的水温控制在 60℃~85℃。　　　　　　　　　　　　　　（　　）

2. 打磨指甲要轻柔，速度要慢。对指甲进行修边时，要始终沿着一个方向进行，可以来回打磨。　　　　　　　　　　　　　　（　　）

3. 指甲是最可能储存细菌的部位，在潮湿的环境下容易滋生病菌，增加交叉感染的机会。应保持手部干燥，减少接触各种刺激物，如肥皂、有机溶剂等。如必须接触，尽量戴保护性手套。　　　　　　　　　　　　　　（　　）

4. 圆形指甲前缘是完美的弧度，不易折断，适合任何人，尤其适合骨关节较明显的人，也适合男士。　　　　　　　　　　　　　　（　　）

5. 椭圆形指甲呈现的是柔美而自然的感觉，线条流畅柔美、高贵典雅。适合对自己手的形状比较关心的和比较传统的顾客，也适合又瘦又高的人。　　　　（　　）

6. 椭圆形甲造型效果是长度超过手指边缘，线条流畅圆润，没有锋利的尖角，不仅塑造修长的手指，还能增加魅力。　　　　　　　　　　　　　　（　　）

7. 指甲前缘一般被修剪成五种形状：方形、方圆形、圆形、椭圆形、尖形。趾甲则一般被修剪为圆形或方形。　　　　　　　　　　　　　　（　　）

8. 尖形指甲的指尖接触面积小，易断裂，属于个性派甲形，多配合潮流的服装和化妆，适合手小、手指细的顾客。　　　　　　　　　　　　　　（　　）

9. 圆形甲造型效果是长度超过手指边缘，线条流畅圆润，没有锋利的尖角。（　　）

10. 趾甲位于负责人体行动的脚趾上，要选择透气的鞋，勤换袜子，避免脚出汗，每日清洗脚部，保证脚趾和趾甲的卫生。　　　　　　　　　　　　　　（　　）

二、选择题

1. 方形指甲的受力部位比较均匀，不易断裂，最为坚固和持久。因此它适合使用指甲前缘（　　）的人群。

　　A. 频率较低　　B. 频率较高　　C. 不适用　　D. 以上都不对

2.尖形指甲的指尖接触面积小，易断裂，属于个性派甲形，多配合(　　　)服装和化妆。

　　A.古典的　　　　　B.韩式的　　　　　C.潮流的　　　　D.以上都正确

3.涂指甲油，应选(　　　)成分的指甲油。

　　A.无甲醇　　　　　B.无丙酮　　　　　C.有醋酸盐　　　D.以上都对

4.使用的次数一周不超过(　　　)次，甲油停留在指甲上的时间1次不超过(　　　)天。

　　A.3，2　　　　　　B.2，3　　　　　　C.1，5　　　　　D.以上都不正确

5.方圆形指甲最为时尚和持久，适合手指(　　　)顾客。

　　A.尖细的　　　　　B.宽圆的　　　　　C.圆润的　　　　D.没有特点的

三、填空题

1.基础甲形可分为(　　　)(　　　)(　　　)(　　　)(　　　)五种。

2.方形甲的甲前缘呈水平直线，两侧甲沟延长线平行且与前缘(　　　)，形成两个锐利的角。方形甲也被称为(　　　)。

3.(　　　)前缘呈大圆弧(　　　)，甲沟延长线A点到B点呈圆弧形。

4.尖形甲两侧甲沟延长线为对称斜线，前缘呈(　　　)。

5.指甲主要是由蛋白质组成的，若指甲底部出现(　　　)，有可能是蛋白质不足造成的。

6.指甲具有(　　　)，含重金属等矿物质的甲油，会通过指甲渗透到体内，对身体造成伤害。

7.脚趾皲裂主要是由于皮肤(　　　)(　　　)，皮肤含水量(　　　)，皮肤失去弹性而干燥开裂。

8.趾甲长入肉内容易引起(　　　)。

9.方圆形指甲最为时尚和持久，经常搭配(　　　)显得很时髦，它也是唯一的实用型甲形。

四、简答题

1.简述圆形甲的打磨方法。

2.简述尖形甲适合的人群。

3.简述指甲修护注意事项。

4.简述趾甲修护注意事项。

五、实战题

1.有一位顾客来到美甲店做美甲，她是银行的工作人员，经常给客户递交资料，想在本甲的基础上进行修饰，你作为美甲师为这位顾客设计美甲方案，并针对方案写出操作流程。

2.有一位顾客来到美甲店做美甲，她想要修方形甲，你作为美甲师，请根据这位顾客的指甲形状设计美甲方案，并针对方案写出操作流程。

项目三　手足部护理

知识目标 ◀

1. 了解手足部护理的重要性。
2. 掌握手足部按摩的作用。
3. 掌握手足部护理中产品的特点。

能力目标 ◀

1. 掌握手足部护理的操作流程。
2. 掌握护理的基础手法。

素质目标 ◀

1. 具备一定的审美与艺术素养。
2. 具备一定的语言表达能力和与人沟通能力。
3. 具备良好的卫生习惯与职业道德精神。
4. 具备一定的观察力与快速应变能力。
5. 具备较强的创新思维能力与动手实践能力。

任务一　手部皮肤护理

【任务描述】

　　能够 30 分钟内为顾客完成手部护理。

【用具准备】

　　手部清洁霜、毛巾、保鲜膜、磨砂膏、按摩乳、手膜、手霜等。

【实训场地】

　　美甲实训室（10 套工作台、多媒体大屏、空调）。

【技能要求】

　　1. 能够熟练地运用工具。

　　2. 能够熟练地完成手部护理。

知·识·准·备

一、手部护理的重要性

手是女人的第二张脸，所以对双手的呵护至关重要，也需要有足够的耐心。护理也是美容的一部分，如果忽视手部的护理，手部皮肤会干燥起皱、脱皮老化，指甲失去光泽，就会较大地影响一个人的整体形象。因此，重视手部护理尤为重要，如图 3-1 所示。

图 3-1 手部护理

二、手部护理的作用

年龄的增长、工作生活中的压力和不良习惯等因素都可能导致手部皮肤出现不同程度的衰老，适当的按摩可以放松肌肉，疏通经络，调气和血，平衡阴阳，促进血液循环，滋养皮肤，缓解疲劳，延缓衰老，并且可以使手和腕更加灵活。

三、手部护理产品

手部清洁霜：用于清洁手部，促进血液循环，常见的有泡沫型和微泡型两种，可根据顾客需求进行选择。

手部角质啫喱：用于去除老化角质，改善手部粗糙现象，滋润皮肤，市面上有面霜型和颗粒状两种，美甲店多用颗粒状的。

手部按摩霜：具有调气和血，促进血液循环，延缓衰老的功效。

手膜：手膜的名称不同，功效也不一样，可以根据顾客的需求进行选择。

手霜：具有滋润、美白、保湿、防干裂的功效，夏季可使用清爽型，冬季可使用油分偏多的类型。

四、手部护理基础手法

（1）按法。按法是手部按摩护理中最常见的手法之一，在手部按摩中，按法是指用拇指的指端或螺纹面着力于手部穴位上，逐渐用力下按，用力要由轻到重，使刺激充分到达肌肉组织的深层，使人有酸、麻、重、胀、走窜等感觉，持续数秒钟，渐渐放松，如此反复操作，如图 3-2 所示。

注意：操作时用力不要过猛，不要滑动，应持续有力。需要加强刺激时，可用双手拇指重叠施术。按法经常和揉法结合使用，称为按揉法。按法适用于手部各穴。

（2）点法。在手部按摩护理中，点法是用拇指指端或屈指骨突部着力于手部穴位上，逐渐用力下按，用力要由轻到重，使刺激充分到达肌肉组织的深层，使人有酸、麻、重、胀、走窜等感觉，持续数秒钟，渐渐放松，如此反复操作，如图 3-3 所示。

注意：操作时用力不要过猛，不要滑动，应持续有力。点法接触面积小，刺激量大。点法常与按法结合使用，称为点按法。点法适用于手部各穴。

图 3-2　按法　　　　　　　　图 3-3　点法

（3）揉法。揉法是拇指螺纹面置于手部一定的穴位或部位，带动腕和掌指做轻柔缓和的皮下运动，如图 3-4 所示。

注意：压力要轻柔，动作要协调而有节律。本法多与按法结合使用，适用于手部的各个部位。

（4）捏法。手部按摩常用三指捏。三指捏是用大拇指、食指和中指捏住肢体的某两个穴位，相对用力挤压，如图 3-5 所示。

图 3-4　揉法

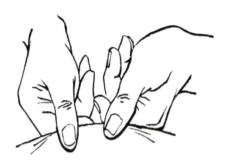

图 3-5　捏法

注意：在做相对用力挤压动作时，要有节律，力量要均匀、逐渐加大。与拿法结合使用，称为拿捏法。

 实·践·操·作 　　**手部皮肤护理**

手部皮肤护理操作技巧、步骤与方法

第一步 **消毒** 美甲师和顾客的双手洗净并用 75% 酒精消毒，擦净，如图 3-6 所示。

图 3-6　消毒

第二步 **涂抹清洁霜进行清洁** 准备好所有工具和产品，将顾客的双手放于温水中浸泡 1 分钟，再将双手擦干。接着在手部涂抹清洁霜进行清洁，注意以打圈的方式进行涂抹，时间控制在 3 分钟以内，清洁完成后用清水清洗并擦干，如图 3-7 所示。

图 3-7　涂抹清洁霜进行清洁

　　操作技巧：为顾客双手消毒时用左手挡一下，避免喷到顾客衣服上；消毒好的工具在使用之前用干棉片擦掉多余酒精；使用磨砂膏时手指之间要涂抹并按摩。

第三步 **清理角质** 以打圈的方式在手背及手指关节处涂抹磨砂角质霜，清理角质，然后用清水清洗手部并擦干，如图 3-8 所示。

图 3-8　消理角质

第四步 **按摩手背和指关节** 将按摩膏均匀涂抹在手背及手关节处，然后用双手以打圈的方式对手背进行按摩，接着用大拇指的指腹对每个关节进行按摩，手指根部向指尖方向按摩，点压指甲根部和手指侧面，如图 3-9 所示。

图 3-9　按摩手背和指关节

操作技巧：涂手膜时要均匀，不要遗漏手指缝和指甲缝，力度要适中，可根据顾客感受，按摩力度由轻到重。

第五步 **按摩手指** 用食指和中指的第一个关节拉住顾客的手指，轻轻地上下来回按摩。将食指和中指放在顾客手指下方，轻轻地来回按摩 2~3 遍，如图 3-10 所示。

图 3-10　按摩手指

第六步 **按摩指关节** 用食指和中指从顾客手指的第三关节处慢慢拉向第--关节处，在第一关节处向上弹出，听到骨关节的响声即可。从小指向大拇指来回按摩 3 次，然后整体按摩手部，如图 3-11 所示。

图 3-11　按摩指关节

操作技巧：按摩时的力度不宜太重，可以根据顾客的承受力进行调整。

第七步 **按摩手掌** 用左手握住顾客的腕关节，右手五指张开与顾客的手指交叉，手掌合拢，然后进行顺时针和逆时针方向的来回摆动按摩，接着用自己的掌腹轻轻撞击顾客的手掌，听到响声则达到按摩效果，如图 3-12 所示。

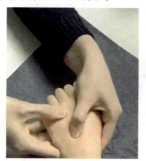

图 3-12 按摩手掌

第八步 **按摩手掌穴位** 用大拇指的指腹在顾客手掌的穴位处进行按摩，缓解顾客的疲劳。手掌上有很多穴位，一般可在手掌大小鱼际处和手掌中心处进行按摩，如图 3-13 所示。

图 3-13 按摩手掌穴位

操作技巧：按摩时的力度不宜太重，可以根据顾客的承受力进行调整。

第九步 **结束** 整理美甲工作台，对工具进行消毒，如图 3-14 所示。

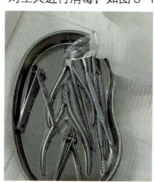

图 3-14 结束

任·务·评·价

评价标准		得分				
		分值	学生自评	学生互评	教师评定	企业评定
准备工作	准备物品齐全	10				
	准备物品整洁	5				
	操作者仪容仪表（头发整齐、穿着实训服和佩戴工牌）	10				
时间限制	在规定时间内完成此任务	10				
礼仪素养	在操作中与顾客交流顺畅、动作规范轻柔，美甲工作台物品整洁	5				
技能操作	按摩手法正确	10				
	操作时流畅	10				
	消毒手法准确	10				
	按摩穴位准确	10				
整理工作	工具整理	5				
	卫生清理	5				
	安全检查	10				

综·合·运·用

美甲师元元接到了手部皮肤护理的工作，作为美甲师的她应从哪几方面进行沟通与操作？

 足部皮肤护理

【任务描述】

能够30分钟内为顾客完成足部护理。

【用具准备】

足部清洁霜、毛巾、保鲜膜、磨砂膏、按摩乳、足霜等。

【实训场地】

美甲实训室（10套工作台、多媒体大屏、空调）。

【技能要求】

1. 能够熟练地运用工具。
2. 能够熟练地完成足部护理。

知·识·准·备

一、足部护理的重要性

　　足部是人的第二心脏，所以一定要注重脚部的护理及保养，也需要有足够的耐心。护理也是美容的一部分，如果忽视足部的护理，足部皮肤会干燥起皱、脱皮老化。足部离心脏较远，循环较弱，人体中血液、淋巴循环代谢产物很容易因为重力沉淀于脚部。沉淀物会使循环受阻，从而使身体某些部位产生异常。因此，重视足部护理尤为重要，如图 3-15 所示。

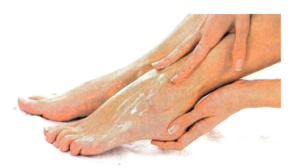

图 3-15　足部护理

二、足部护理的作用

　　人的脚底有很多穴位，经常按摩可以延缓人体衰老，达到美容养颜、排毒防癌的效果。

三、足部护理产品

　　足部清洁霜：用于清洁足部，促进血液循环，常见的有泡沫型和微泡型两种，可根据顾客需求进行选择。

　　足部角质啫喱：用于去除老化角质，改善足部粗糙现象，滋润皮肤，市面上有面霜型和颗粒状两种，美甲店多用颗粒状的。

足部按摩霜：具有调气和血、促进血液循环、延缓衰老的功效。

足膜：足膜的名称不同，功效也不一样，可以根据顾客的需求进行选择。

足霜：具有滋润、保湿、防干裂的功效。

四、足部护理基础手法

（1）按法。按法是足部按摩护理中最常见的手法之一，在足部按摩中，按法是指用拇指的指端或螺纹面着力于足部穴位上，逐渐用力下按，用力要由轻到重，使刺激充分到达足部肌肉组织的深层，使人有酸、麻、重、胀、走窜等感觉，持续 数秒钟，渐渐放松，如此反复操作，如图3-16所示。

注意：操作时用力不要过猛，不要滑动，应持续有力。需要加强刺激时，可用双手拇指重叠施术。按法经常和揉法结合使用，称为按揉法。按法适用于足部各穴。

（2）点法。在足部按摩护理中，点法是用拇指指端或屈指骨突部着力于足部穴位上，逐渐用力下按，用力要由轻到重，使刺激充分到达肌肉组织的深层，使人有酸、麻、重、胀、走窜等感觉，持续数秒钟，渐渐放松，如此反复操作，如图3-17所示。

图3-16　按法　　　　　　　　　　图3-17　点法

注意：操作时用力不要过猛，不要滑动，应持续有力。点法接触面积小，刺激量大。点法常与按法结合使用，称为点按法。点法适用于足部各穴。

（3）揉法。揉法是用拇指螺纹面置于足部一定的穴位或部位上，带动腕和掌指做轻柔缓和的皮下运动，如图3-18所示。

注意：压力要轻柔，动作要协调而有节律。本法多与按法结合使用，适用于足部的各个部位。

（4）捏法。足部按摩常用三指捏。三指捏是用大拇指、食指和中指捏住肢体的某两个穴位，相对用力挤压，如图 3-19 所示。

图 3-18　揉法

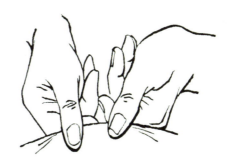

图 3-19　捏法

注意：在做相对用力挤压动作时，要有节律，力量要均匀、逐渐加大。与拿法结合使用，称为拿捏法。

实·践·操·作 ⟩⟩ 足部皮肤护理

足部皮肤护理操作技巧、步骤与方法

> **第一步** **消毒** 美甲师双手和顾客的双足洗净并用 75% 酒精消毒，擦净，如图 3-20 所示。
>
>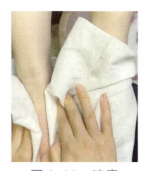
>
> 图 3-20　消毒

> **第二步** **涂抹清洁霜进行清洁** 准备好所有工具和产品，将顾客的双足放于温水中浸泡 5 分钟，再将双足擦干。接着在手部涂抹清洁霜对顾客足部进行清洁，注意：以打圈的方式进行涂抹，时间控制在 3 分钟以内，清洁完成后用清水清洗并擦干，如图 3-21 所示。
>
>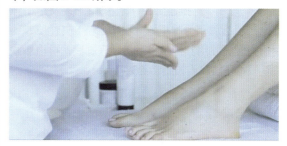
>
> 图 3-21　涂抹清洁霜进行清洁

操作技巧：消毒好的工具用之前用干棉片擦掉多余酒精；使用磨砂膏时手指之间要涂抹并按摩。

第三步 **清理角质** 以打圈的方式在足背及足底处涂抹磨砂角质霜，清理角质，然后用清水清洗足部并擦干，如图 3-22 所示。

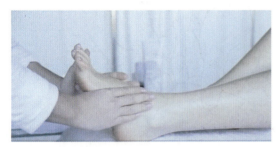

图 3-22　清理角质

第四步 **按摩足背和足底关节** 将按摩膏均匀涂抹在足背及足底，然后用双手以打圈的方式对足背进行按摩，接着用大拇指的指腹对足底每个关节进行按摩，如图 3-23 所示。

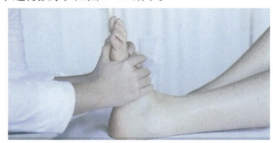

图 3-23　按摩足背和足底关节

操作技巧：涂足膜时要均匀，不要遗漏甲缝，力度要适中，可根据顾客感受，按摩力度由轻到重。

第五步 **来回按摩** 用双手拉住顾客的足部，轻轻地上下来回按摩，如图 3-24 所示。

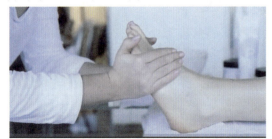

图 3-24　来回按摩

第六步 **按摩脚趾侧面** 按摩脚趾侧面，将趾根轻轻往上拉，如图 3-25 所示。

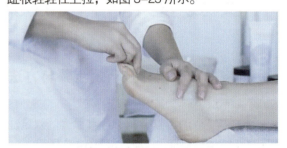

图 3-25　按摩脚趾侧面

操作技巧：按摩时的力度不宜太重，可以根据顾客的承受力进行调整。

第七步 **推压脚趾** 推压脚趾上端及趾甲体侧面，用指腹用力推压第一关节；双手夹住脚掌，用拇指轻压并用其他四根手指轻压脚底，再由脚踝往趾根推压按摩，如图 3-26 所示。

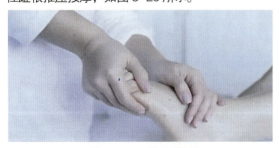

图 3-26　推压脚趾

第八步 **按摩小腿** 由小腿肚向脚后跟方向按摩，如图 3-27 所示。

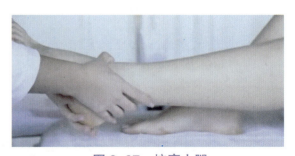

图 3-27　按摩小腿

操作技巧：按摩时的力度不宜太重，可以根据顾客的承受力进行调整。

第九步 **结束** 整理美甲工作台，对工具进行消毒，如图 3-28 所示。

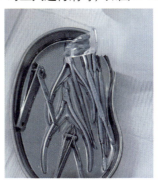

图 3-28　结束

 任·务·评·价

评价标准		得分				
		分值	学生自评	学生互评	教师评定	企业评定
准备工作	准备物品齐全	10				
	准备物品整洁	5				
	操作者仪容仪表（头发整齐、穿着实训服和佩戴工牌）	10				
时间限制	在规定时间内完成此任务	10				
礼仪素养	在操作中与顾客交流顺畅、动作规范轻柔，美甲工作台物品整洁	5				
技能操作	按摩手法正确	10				
	操作时流畅	10				
	消毒手法准确	10				
	按摩穴位准确	10				
整理工作	工具整理	5				
	卫生清理	5				
	安全检查	10				

综·合·运·用

美甲师元元接到了足部皮肤护理的工作，作为美甲师的她应从哪几方面进行沟通与操作？

项目回顾

本项目主要介绍了手足部基础护理的规范操作程序、手足部穴位的按摩、手足部皮肤深层护理等方面的知识。手足部护理是美甲师的基本工作，也是美甲店里提供的最常见的服务。

知·识·链·接

手足部皮肤护理注意事项

（1）按摩手法应灵活，力度因人而异。

（2）如顾客暴饮、饱餐、洗澡一小时内及过度疲劳均不宜做手部护理。

（3）采用指尖点压或按揉手法，力量柔和深透，每穴 3~5 次。

（4）加热手套要用干净的布，使用清水、清洁精或低浓度的酒以保持清洁。

单元练习

一、判断题

1.手是女人的第二张脸，所以对双手的呵护至关重要，也需要有足够的耐心。护理也是美容的一部分。　　　　　　　　　　　　　　　　　　　　　　　　　　（　　）

2.如果忽视手部的护理，手部皮肤会干燥起皱、脱皮老化，指甲失去光泽，就会较大地影响一个人的整体形象。　　　　　　　　　　　　　　　　　　　　　　（　　）

3.揉法是用拇指螺纹面置于手部一定的穴位或部位上，带动腕和掌指做轻柔缓和的皮上运动。　　　　　　　　　　　　　　　　　　　　　　　　　　　　　　（　　）

4.按摩可以放松肌肉，疏通经络，调气和血，平衡阴阳，促进血液循环，滋养皮肤，缓解疲劳。　　　　　　　　　　　　　　　　　　　　　　　　　　　　　　（　　）

5.在手部按摩护理中，点法是用拇指指端或屈指骨突部着力于手部穴位上，逐渐用力下按，用力由轻到重。　　　　　　　　　　　　　　　　　　　　　　　　　　（　　）

6.在手部按摩中，按法是指用中指的指端或螺纹面着力于手部穴位上，逐渐用力下按，用力由轻到重。　　　　　　　　　　　　　　　　　　　　　　　　　　　　（　　）

7.足部角质啫喱用于去除老化角质，改善足部粗糙现象，滋润皮肤。　　　（　　）

8.足部是人的第二心脏，所以一定要注重脚部的护理及保养。　　　　　（　　）

9.可用使用蛋清、蜂蜜、牛奶，甘油、维生素C珍珠粉、身体乳、珍珠粉、甘油等自制脚膜。　　　　　　　　　　　　　　　　　　　　　　　　　　　　　（　　）

10.如顾客暴饮、饱餐、洗澡1小时内及过度疲劳均不宜做手部护理。　（　　）

11.如果脚部皮肤出现干裂出血或者发炎等现象，属于皮肤科的范畴，要及时到医院进行治疗。　　　　　　　　　　　　　　　　　　　　　　　　　　　　　　（　　）

12.清洁脚部的时候要注意用去角质啫喱对脚部进行清洁，死皮的清除也是很有必要的，尤其是对脚跟、脚腕容易堆积死皮的地方，需要重点清除。　　　　　　　（　　）

13.做足部护理的好处多多，人的脚底有很多穴位，经常按摩可以延缓人体衰老，达到美容养颜、排毒防癌的效果。　　　　　　　　　　　　　　　　　　　　　　（　　）

二、选择题

1. （　　）是手部按摩护理中最常见的手法之一，在手部按摩中，按法是指用拇指的指端或螺纹面着力于手部穴位上，逐渐用力下按，用力由轻到重，使刺激充分到达肌肉组织的深层，使人有酸、麻、重、胀、走窜等感觉，持续数秒钟，渐渐放松，如此反复操作。

A. 按法　　　　　B. 捏法　　　　　C. 揉法　　　　　D. 推法

2. （　　）是用拇指螺纹面置于手部一定的穴位或部位上，带动腕和掌指做轻柔缓和的皮下运动。

A. 按法　　　　　B. 揉法　　　　　C. 拿法　　　　　D. 推法

3. 用食指和中指从顾客手指的第三关节处慢慢拉向第一关节处，在第一关节处向上弹出，听到骨关节的响声即可。从小指向大拇指来回按摩（　　）次，然后整体按摩手部。

A. 1　　　　　　B. 2　　　　　　C. 3　　　　　　D. 4

4. 将顾客的手部涂抹手膜，然后戴上一次性保鲜膜，接着戴上手套并加热，等待（　　）分钟，让产品更好地吸收。

A. 5~10　　　　B. 10~15　　　C. 15~20　　　D. 20以上

5. （　　）指用拇指指端或屈指骨突部着力于手部穴位上，逐渐用力下按，用力由轻到重，使刺激充分到达肌肉组织的深层，使人有酸、麻、重、胀、走窜等感觉，持续数秒钟，渐渐放松。

A. 点法　　　　　B. 推法　　　　　C. 捏法　　　　　D. 揉法

6. 泡脚的最佳时间为（　　）。

A. 10~15分钟　　B. 5分钟以下　　C. 15~20分钟　　D. 30分钟以上

7. 使用足部按摩膏对足部按摩（　　）即可。

A. 5~10分钟　　B. 5分钟以下　　C. 15~20分钟　　D. 30分钟以上

三、填空题

1. 手部护理常用的手法有（　　）（　　）（　　）（　　）。

2. 手部护理常用的产品有（　　）（　　）（　　）（　　）（　　）（　　）。

3. （　　）是手部按摩护理中最常见的手法之一。在手部按摩中，按法是指用（　　）的指端或螺纹面着力于手部穴位上，逐渐用力下按，用力由轻到重。

4.脚部皮肤比较容易缺水，尤其是在秋冬季节，水分的缺失让脚部皮肤经常干燥和开裂，尤其是对于（　　　）处等地方都是非常容易缺水干燥的地方。

5.在日常生活当中经常清理脚部，要定期（　　　）。

6.泡脚的最佳温度为（　　　）左右。

7.正常脚的皮肤、血液循环状况应该与全身（　　　），出现异常要找出原因。

8.（　　　）法是用拇指螺纹面置于手部一定的穴位或部位上，带动腕和掌指做轻柔缓和的皮上运动。

9.足部按摩常用三指捏。三指捏是用（　　　）捏住肢体的某两个穴位，相对用力挤压。

四、实战题

有一位 40 岁左右的顾客来到美甲店做美甲，顾客的手部有明显的干燥、裂痕，作为美甲师的你，如何向顾客传达手部护理的重要性并根据顾客手部情况进行方案设计？

项目四 贴片甲的制作与卸除

知识目标 ◀

1. 掌握贴片甲的定义。
2. 了解贴片甲的用途。
3. 掌握贴片甲的特点。
4. 掌握贴片甲的分类。
5. 掌握贴片的选择方法。

能力目标 ◀

1. 掌握美甲工具摆台、消毒工作流程，对使用过的用品能进行分类、分新旧进行登记。
2. 能根据顾客自然甲尺寸正确选择贴片所使用的甲片型号。
3. 能根据顾客自然甲特点和要求进行贴片操作。
4. 能将贴片选择、贴片粘贴、贴片修剪三者结合，完成贴片甲制作。
5. 掌握全贴甲片、半贴甲片、法式贴片的制作技巧。
6. 能够独立与顾客进行沟通并进行制作方案设定。

素质目标 ◀

1. 具备一定的审美与艺术素养。
2. 具备一定的语言表达能力和与人沟通能力。
3. 具备良好的卫生习惯与职业道德素养。
4. 具备敏锐的观察力与快速应变能力。
5. 具备较强的创新思维能力与动手实践能力。

全贴甲片的制作

【任务描述】

能够在60分钟内完成全贴甲片的制作。

【用具准备】

消毒水、消毒棉、全贴甲片、砂条、海绵抛、钢推、指皮剪、一字剪、橘木棒、营养油等。

【实训场地】

美甲实训室（10套工作台、多媒体大屏、空调）。

【技能要求】

1. 能够熟练地运用工具。

2. 能够熟练地完成全贴甲片的制作。

知·识·准·备

一、全贴甲片的定义

　　全贴甲片是指将一整个甲片运用专业的美甲工具，通过专业的技术手法，粘贴于自然甲之上的一种延长、修饰美化手形的仿真甲技术，如图 4-1、图 4-2 所示。

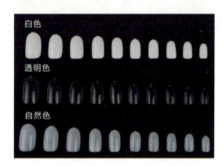

图 4-1　全贴甲片类型

图 4-2　全贴甲片制作

二、全贴甲片的特点

　　特点为：制作简单、快捷，粘贴牢固，价格低廉。全贴甲片适用的是甲床短、指甲弧度不好（不鼓）的人群。

　　从美观上来说全贴甲片非常好，因为在甲片上好上色，粘东西也好，硬度也不受水泡之类的影响，保持的时间也比直接在真人指甲上做的要长。全贴甲片比半贴甲片更结实，不容易断裂。

三、全贴甲片的注意事项

　　（1）甲片选择符合自然甲尺寸。

　　（2）胶水要适量（宁多毋少）。

　　（3）自然甲前缘要尽量剪掉（上翘、下垂）。

（4）出现气泡，迅速剥离掉。

（5）及时清理贴片胶是非常重要的环节，如果甲沟内和指芯处存有胶水，不仅会使顾客感到不舒服，也会增加起翘的概率。

实·践·操·作 》》 全贴甲片制作

全贴甲片制作技巧、步骤与方法

第一步 **消毒** 用酒精喷雾将顾客和自己的双手以及所使用的工具进行消毒处理，如图4-3所示。

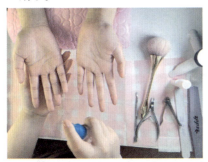

图4-3　消毒

第二步 **自然甲修甲形** 对顾客的甲形进行修剪打磨，去毛边，清理指芯，如图4-4所示。

图4-4　自然甲修甲形

操作技巧：消毒顾客双手时用左手挡一下，避免喷到顾客衣服上；消毒好的工具在用之前用干棉片擦掉多余酒精；甲形修剪要统一，前缘光滑无毛边。

第三步 **去指皮** 去掉指甲周围的指皮，方便之后的美甲工作，如图4-5所示。

图4-5　去指皮

第四步 **刻磨甲面** 用砂条对自然甲甲面进行刻磨，去掉甲面油脂，增强粘贴牢固度，如图4-6所示。

图4-6　刻磨甲面

操作技巧：修剪指皮要彻底，后缘要整齐，不能有毛边；刻磨甲面要轻柔，速度要慢，避免甲面发烫，确保刻磨全面。

第五步 **选择贴片** 根据顾客自然甲大小选择适合顾客自然甲的甲片，如图4-7所示。

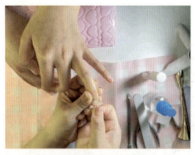

图4-7　选择贴片

第六步 **涂胶** 在甲片粘贴位置涂抹粘甲片胶，如图4-8所示。

图4-8　涂胶

操作技巧：选择贴片时，做到宁大毋小，尽量做到合适，如果不能完全贴合，则选略大一点的甲片进行打磨，直至与顾客指甲大小服帖；涂胶适量，胶水不能太多也不能太少，以来回晃动甲片时，里面的胶水不会流出又都涂到为宜。

第七步 **粘贴甲片** 将涂好胶的甲片依次粘贴到自然甲上，如图4-9所示。

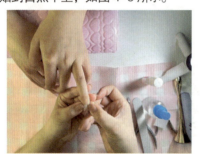

图4-9　粘贴甲片

第八步 **修剪打磨** 根据顾客需求，将甲片修剪至合适长度并打磨成顾客要求的甲形，如图4-10所示。

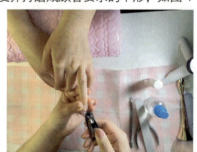

图4-10　修剪打磨

操作技巧：粘贴甲片时要卡住后缘，后缘与甲片呈45°，下压粘贴，力度适中均匀（如没有贴好迅速拿下甲片重贴）。把里面的空气排出，以免容易起翘，贴好后用手指压甲片数秒，使其牢固。修剪甲片要用左手轻抚甲片，避免甲片飞起伤到顾客；修剪长度要一致。

第九步 **清理指芯** 修好甲形后，用粉尘刷扫除粉尘，用棉片清理指芯，如图4-11所示。

图4-11　清理指芯

第十步 **涂营养油** 在甲缘皮肤处涂抹营养油，并按摩至完全吸收，如图4-12所示。

图4-12　涂营养油

操作技巧：双手甲形要一致，前缘光滑无粉尘、无毛边；涂抹营养油适量，按摩力度轻柔；所有步骤都是从左手小指开始，先左手后右手。

任·务·评·价

评价标准		分值	得分			
			学生自评	学生互评	教师评定	企业评定
准备工作	准备物品齐全	5				
	准备物品整洁	5				
	操作者仪容仪表（头发整齐、穿着实训服和佩戴工牌）	5				
时间限制	在规定时间内完成此任务	10				
礼仪素养	在操作中与顾客交流顺畅、动作规范轻柔，美甲工作台物品整洁	5				
技能操作	贴片选择合适	10				
	甲形一致	5				
	长度符合顾客要求	5				
	粘贴无歪斜、上翘、下垂、气泡现象	10				
	甲形打磨标准、无毛边	10				
	指皮修剪干净，无伤口，无毛边	10				
整理工作	工具整理	5				
	卫生清理	5				
	安全检查	10				

综·合·运·用

美甲师元元接到了全贴甲片的制作工作，作为美甲师的她应从哪几方面进行沟通与制作？在制作时应注意哪些事项？

 **半贴甲片的制作**

【任务描述】

能够在 60 分钟内完成半贴甲片的制作。

【用具准备】

消毒水、消毒棉、半贴甲片、砂条、海绵抛、钢推、指皮剪、一字剪、橘木棒、营养油等。

【实训场地】

美甲实训室（10 套工作台、多媒体大屏、空调）。

【技能要求】

1. 能够熟练地运用工具。
2. 能够熟练地完成半甲贴片的制作。

知·识·准·备

一、半贴甲片的定义

半贴甲片是指将半个甲片运用专业的美甲工具，通过专业的技术手法，粘贴于自然甲之上的一种延长、修饰美化手形的仿真甲技术，如图 4-13、图 4-14 所示。

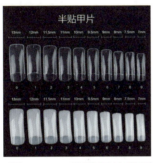

图 4-13　半贴甲片类型

图 4-14　半贴甲片完成贴片

二、半贴甲片的特点

制作简单、快捷，透气，价格低廉。半贴甲片适合甲板长度、弧度整体都很好的人群。

三、半贴甲片的操作注意事项

（1）甲片选择符合自然甲尺寸。

（2）胶水要适量（宁多毋少）。

（3）自然甲前缘要尽量剪掉（上翘、下垂）。

（4）出现气泡，迅速剥离掉。

（5）及时清理贴片胶是非常重要的环节，如果甲沟内和指芯处存有胶水，不仅会使顾客感到不舒服，也会增加起翘的概率。

实·践·操·作 ▶▶ 半贴甲片制作

半贴甲片制作技巧、步骤与方法

第一步 ▶ **消毒** 用酒精喷雾将顾客和自己的双手以及所使用的工具进行消毒处理，如图 4-15 所示。

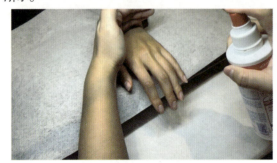

图 4-15　消毒

第二步 ▶ **自然甲修护** 对顾客的甲形进行打磨，修剪老化指皮，如图 4-16 所示。

图 4-16　自然甲修护

操作技巧：消毒顾客双手时用左手挡一下，避免喷到顾客衣服上；消毒好的工具用之前用干棉片擦掉多余酒精；甲形打磨统一，修剪指皮时，要先推后剪。

第三步 ▶ **刻磨甲面** 用砂条对自然甲粘贴部分甲面进行刻磨，去掉甲面油脂，增强粘贴牢固度，如图 4-17 所示。

图 4-17　刻磨甲面

第四步 ▶ **选择贴片** 根据顾客自然甲大小选择适合的甲片，如图 4-18 所示。

图 4-18　选择贴片

操作技巧：刻磨甲面要轻柔，速度要慢，避免甲面发烫，确保刻磨全面；选择贴片时，做到宁大毋小，尽量做到合适。如果不能完全贴合，则选略大一点的甲片进行打磨，直至与顾客指甲大小服帖。

第五步 **涂胶** 在甲片粘贴位置涂抹粘甲片胶，如图 4-19 所示。

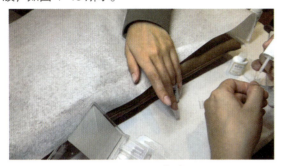

图 4-19　涂胶

第六步 **粘贴甲片** 将涂好胶的甲片依次粘贴到自然甲上，如图 4-20 所示。

图 4-20　粘贴甲片

操作技巧：涂胶适量，胶水不能太多也不能太少，避免流淌，以来回晃动甲片时，里面的胶水不会流出又都涂到为宜；粘贴甲片时，将凹槽卡住指前缘，甲片与指甲前缘呈 45°向后粘贴（如没有贴好迅速拿下甲片重贴）。把里面的空气排出，以免起翘，贴好后用手指压甲片数秒，使其牢固。

第七步 **修剪打磨** 根据顾客需求，将甲片修剪至合适长度并打磨成顾客要求的甲形，如图 4-21 所示。

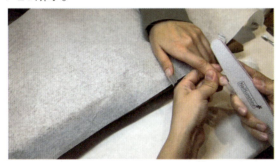

图 4-21　修剪打磨

第八步 **涂营养油** 在甲缘皮肤处涂抹营养油，并按摩至吸收，如图 4-22 所示。

图 4-22　涂营养油

操作技巧：修剪甲片时要用左手轻抚甲片，避免甲片飞起伤到顾客；修剪长度要一致；涂抹营养油适量，按摩力度轻柔。所有步骤都是从左手小指开始，先左手后右手。

任·务·评·价

评价标准		得分				
		分值	学生自评	学生互评	教师评定	企业评定
准备工作	准备物品齐全	5				
	准备物品整洁	5				
	操作者仪容仪表（头发整齐、穿着实训服和佩戴工牌）	5				

续表

评价标准		得分				
		分值	学生自评	学生互评	教师评定	企业评定
时间限制	在规定时间内完成此任务	10				
礼仪素养	在操作中与顾客交流顺畅、动作规范轻柔，美甲工作台物品整洁	5				
技能操作	贴片选择合适	10				
	甲形一致	5				
	长度符合顾客要求	5				
	粘贴无歪斜、上翘、下垂、气泡现象	10				
	甲形打磨标准、无毛边	10				
	指皮修剪干净，无伤口，无毛边	10				
整理工作	工具整理	5				
	卫生清理	5				
	安全检查	10				

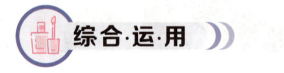 综合·运·用))))

　　美甲师元元接到了半贴甲片的制作工作，作为美甲师的她应从哪几方面进行沟通与制作？在制作时应注意哪些事项？

法式贴片的制作

【任务描述】

　　能够在60分钟内完成法式贴片的制作。

【用具准备】

　　消毒水、消毒棉、法式贴片、砂条、海绵抛、钢推、指皮剪、一字剪、橘木棒、营养油等。

【实训场地】

　　美甲实训室（10套工作台、多媒体大屏、空调）。

【技能要求】

　　1.能够熟练地运用工具。

　　2.能够熟练地完成法式贴片的制作。

知·识·准·备

一、法式贴片的定义

法式贴片是指运用专业的美甲工具，通过专业的技术手法，将甲片一部分粘贴于自然甲之上的一种延长指、修饰美化手形的仿真甲技术，如图 4-23 所示。

图 4-23　法式贴片

二、法式贴片的特点

制作简单、快捷，轻薄透气，价格低廉。法式贴片甲代替了用甲油涂抹这一传统技术，并且能更加快捷地完成法式甲的制作。

法式贴片甲是用树脂贴片与真甲结合在一起，再经过修整形成的透亮自然的法式甲。树脂贴片前面白色的部分，本身是天然的树脂，无味，轻薄，对指甲的伤害比较小，不影响指甲的呼吸，透气性比较好。

三、法式贴片的操作注意事项

（1）甲片选择符合自然甲尺寸。

（2）胶水要适量（宁多毋少）。

（3）自然甲前缘要尽量剪掉（上翘、下垂）。

（4）出现气泡，迅速剥离掉。

（5）及时清理贴片胶是非常重要的环节，如果甲沟内和指芯处存有胶水，不仅会使顾客感到不舒服，也会增加起翘的概率。

实·践·操·作 法式贴片制作

法式贴片制作技巧、步骤与方法

第一步 **消毒** 用酒精喷雾将顾客和自己的双手以及所使用的工具进行消毒处理，如图 4-24 所示。

图 4-24　消毒

第二步 **自然甲修护** 对顾客的甲形进行打磨，修剪老化指皮，如图 4-25 所示。

图 4-25　自然甲修护

操作技巧：消毒顾客双手时用左手挡一下，避免喷到顾客衣服上；消毒好的工具用之前用干棉片擦掉多余酒精；甲形修剪双手要统一，修剪指皮要彻底，不能有毛边。

第三步 **刻磨甲面** 用砂条对自然甲粘贴部位甲面进行刻磨，去掉甲面油脂，增强牢固度，如图 4-26 所示。

图 4-26　刻磨甲面

第四步 **选择贴片** 根据顾客自然甲大小选择适合的甲片，如图 4-27 所示。

图 4-27　选择贴片

操作技巧：刻磨甲面要轻柔，速度要慢，避免甲面发烫，确保刻磨全面；选择贴片时，做到宁大毋小，尽量做到合适。

第五步 **涂胶** 在甲片粘贴位置涂抹粘甲片胶，如图 4-28 所示。

图 4-28　涂胶

第六步 **粘贴甲片** 将涂好胶的甲片依次粘贴到自然甲上，如图 4-29 所示。

图 4-29　粘贴甲片

操作技巧：涂胶适量，避免流淌；粘贴甲片弧度要对齐游离缘，自然甲与甲片呈 45° 粘贴（如没有贴好迅速拿下甲片重贴）。把里面的空气排出，以免起翘，贴好后用手指压甲片数秒，使其牢固。

第七步 **修剪打磨** 根据顾客需求，将甲片修剪至合适长度并打磨成顾客要求的甲形，如图 4-30 所示。

图 4-30　修剪打磨

第八步 **涂营养油** 在甲缘皮肤上涂抹营养油，并按摩至吸收，如图 4-31 所示。

图 4-31　涂营养油

操作技巧：修剪甲片要用左手轻抚残余甲片，避免甲片飞起伤到顾客；修剪打磨后甲边光滑、无毛刺；涂抹营养油适量，按摩力度轻柔。

第九步 **完成效果** 法式贴片甲干净，时尚大气，如图 4-32 所示。

图 4-32　完成效果

操作技巧：所有步骤都是从左手小指开始，先左手后右手。

任·务·评·价

评价标准		得分				
		分值	学生自评	学生互评	教师评定	企业评定
准备工作	准备物品齐全	5				
	准备物品整洁	5				
	操作者仪容仪表（头发整齐、穿着实训服和佩戴工牌）	5				
时间限制	在规定时间内完成此任务	10				
礼仪素养	在操作中与顾客交流顺畅、动作规范轻柔，美甲工作台物品整洁	5				
技能操作	贴片选择合适	10				
	甲形一致	5				
	长度符合顾客要求	5				
	粘贴无歪斜、上翘、下垂、气泡现象	10				
	甲形打磨标准、无毛边	10				
	指皮修剪干净，无伤口，无毛边	10				
整理工作	工具整理	5				
	卫生清理	5				
	安全检查	10				

综合·运·用

　　美甲师元元接到了法式贴片的制作工作，作为美甲师的她应从哪几方面进行沟通与制作？在制作时应注意哪些事项？

任务四　贴片甲的卸除

【任务描述】

能够在60分钟内完成贴片甲卸除。

【用具准备】

消毒水、消毒棉、卸甲包、砂条、海绵抛、钢推、营养油等。

【实训场地】

美甲实训室（10套工作台、多媒体大屏、空调）。

【技能要求】

1. 能够熟练地运用工具。

2. 能够熟练地完成贴片甲的卸除。

一、贴片甲的卸除方法

贴片甲的卸除方法有电动打磨机打磨、锉条手工打磨、超声波清洗机浸泡和卸甲包卸除法等。美甲店常用的卸除方法是卸甲包卸除法，如图 4-33 所示。

图 4-33　卸甲包卸除法

二、卸甲包卸除法的特点

卸甲包卸除法的特点是成本低，易掌握，卸除彻底，不伤自然甲，快速。

三、卸甲包卸除法的操作注意事项

（1）皮肤不能有伤口。

（2）包扎要紧实，棉片紧贴甲面。

（3）卸甲时，钢推与甲面呈 45°，由指甲后缘向指甲前缘方向推。

实·践·操·作 ▶▶ 贴片甲卸除

贴片甲卸除技巧、步骤与方法

第一步 **消毒** 用酒精喷雾将顾客和自己的双手以及所使用的工具进行消毒处理，如图4-34所示。

图 4-34　消毒

第二步 **修剪指甲** 根据顾客要求将指甲多余部分剪掉，如图4-35所示。

图 4-35　修剪指甲

操作技巧：消毒顾客双手时用左手挡一下，避免喷到顾客衣服上；消毒好的工具用之前用干棉片擦掉多余酒精；指甲修剪时，要手心朝上，避免剪到顾客自然甲。

第三步 **打磨封层** 将甲面封层用砂条或打磨机打磨掉，以便卸除，如图4-36所示。

图 4-36　打磨封层

第四步 **包裹指甲** 将卸甲包根据说明打开，包裹指甲，如图4-37所示。

图 4-37　包裹指甲

操作技巧：打磨封层时，边打边看，避免磨到自然甲；包裹指甲用时 15~20 分钟，将棉片面贴于甲面，双手将卸甲包压紧，避免挥发，如包裹一遍卸除不干净需要包裹第二遍。

第五步 **清除** 用钢推将卸掉的假甲清除，如图 4-38 所示。

图 4-38　清除

第六步 **打磨甲面** 用砂条和海绵抛将未清除干净的余甲清干净，如图 4-39 所示。

图 4-39　打磨甲面

操作技巧：用钢推推除卸掉的假甲时，要从甲后缘向甲前缘呈 45° 推，力度要轻柔，避免伤到自然甲；打磨甲面的顺序是先用砂条再用海绵抛，最后用抛光条抛光甲面。

任·务·评·价

评价标准		得分				
		分值	学生自评	学生互评	教师评定	企业评定
准备工作	准备物品齐全	5				
	准备物品整洁	5				
	操作者仪容仪表（头发整齐、穿着实训服和佩戴工牌）	5				
时间限制	在规定时间内完成此任务	10				
礼仪素养	在操作中与顾客交流顺畅、动作规范轻柔，美甲工作台物品整洁	5				
技能操作	消毒到位	10				
	对甲缘皮肤进行检查	5				
	按要求对指甲进行修剪	5				
	包裹紧实，无漏空	10				
	包裹时间符合要求	10				
	假甲推除干净	10				

续表

评价标准		得分				
		分值	学生自评	学生互评	教师评定	企业评定
整理工作	工具整理	5				
	卫生清理	5				
	安全检查	10				

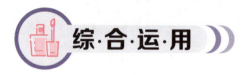

综·合·运·用

　　美甲师元元接到了贴片甲的卸除工作，作为美甲师的她应从哪几方面进行沟通与卸除？在卸除时应注意哪些事项？

单元回顾

　　本单元主要学习了贴片甲的制作及卸除，包含四个项目和四个任务，分别是全贴甲片、半贴甲片、法式贴片以及贴片甲的卸除。这四个项目在实际工作中运用较多，也是较基础的技能，是每一位从业美甲师必须掌握的技能，掌握了它们的操作技巧和步骤，就能在美甲行业中立于不败之地。

知·识·链·接

一、贴片甲的分类

　　（1）全贴甲片：背面无凹槽，整个覆盖在指甲上，独立使用，粘贴时呈45°，由后缘向前缘粘贴。

（2）半贴甲片：背面有凹槽，后缘平滑，一半粘贴在指甲上，露出自然甲甲床部位，用甲酯或光疗胶填补，粘贴时，由前缘向后缘粘贴。

（3）法式贴片：背面有凹槽，后缘成弧形，有微笑线，粘贴时由前缘向后缘粘贴。

二、贴片甲甲片的选择原则

（1）宁大毋小，尽量选择尺寸合适的贴片。

（2）粘贴甲片时，宁窄毋宽，与边缘距离为 0.1~0.3mm。

三、粘贴甲片产生气泡的原因

（1）胶水太少。

（2）没压紧。

（3）尺寸太小。

（4）有指尘。

四、全贴甲片与半贴甲片的区别

（1）位置不同：全贴甲片是把整个指甲表面给贴住，适合甲板短的人；半贴甲片只需将甲片粘贴在指甲上的前三分之一处，更适合甲板中长的人。

（2）手法不同：全贴甲片从指甲后缘往前缘方向压；半贴甲片从指甲前缘往后缘压。

（3）持久度不同：半贴甲片的持久度是很长的，而全贴甲片的持久度会短一些。此外，全贴甲片将整个指甲表面全部贴住，厚度增加，做起事来不是很灵活方便。

（4）舒适度不同：全贴甲片将整个指甲包住，透气性会差一些，对指甲也有伤害。半贴甲片只覆盖在指甲前三分之一处，更透气一些，舒适程度也会比全贴甲片好。

单元练习

一、判断题

1. 无论是哪种贴片甲，胶水涂得越多越牢固。　　　　　　　　　　　（　　）

2. 在粘贴甲片时，贴片选择要符合自然甲大小。　　　　　　　　　（　　）

3. 在对甲形进行修饰时，可十个手指形状各异，这样看起来更有个性。（　　）

4. 在粘贴甲片时，有气泡不要紧，可用甲油遮盖。　　　　　　　　（　　）

5. 卸除甲片时，不用剪除指甲，太麻烦。　　　　　　　　　　　　（　　）

6. 在用卸甲包卸除甲片时，如第一次卸除不干净，可用钢推使劲推。（　　）

7. 全甲贴片是在整个自然甲上贴一个甲片。　　　　　　　　　　　（　　）

8. 贴片甲的作用是改变原有自然甲的形状。　　　　　　　　　　　（　　）

9. 全贴甲片也需要去除接痕。　　　　　　　　　　　　　　　　　（　　）

10. 在选择甲片时，要一次将双手的甲片全部选出。　　　　　　　（　　）

11. 粘贴全甲时，要将甲片卡紧后缘。　　　　　　　　　　　　　（　　）

12. 在粘贴甲片前，应先进行基础修护处理。　　　　　　　　　　（　　）

13. 粘贴全甲时甲片与后缘成 45° 粘贴。　　　　　　　　　　　　（　　）

14. 甲片与自然甲之间不能有气泡。　　　　　　　　　　　　　　（　　）

15. 指甲的长度可根据需要修剪。　　　　　　　　　　　　　　　（　　）

二、选择题

1. 在选择贴片时，一般哪两个手指的型号一样大？（　　　）

   A．大拇指和小指　　　　　　　　B．中指和食指

   C．无名指和食指　　　　　　　　D．中指和无名指

2. 在选择甲片时，食指型号的甲片要选择几个？（　　　）

   A．2 个　　　　　B．3 个　　　　　C．4 个　　　　　D．5 个

3. 卸甲时，可用于去除贴片的工具是（　　　）。

   A．橘木棒　　　B．指皮剪　　　C．指皮推　　　D．砂条

4. 卸甲包卸贴片甲时，包甲的时间是（　　　）。

   A．10~15 分钟　B．15~20 分钟　C．20~25 分钟　D．25~30 分钟

5. 粘贴甲片时，甲片与手指自然甲呈（　　　）。

    A.15°　　　　　　　B.25°　　　　　　　C.35°　　　　　　　D.45°

6. 关于贴片甲的用途，下列说法错误的是（　　　）。

    A.可以改变原有自然指甲的外观　　　　　B.可以根据个人喜好修补自然指甲

    C.不能根据个人喜好装饰自然指甲　　　　　D.可以改变原有自然指甲的形状

7. 全贴甲与（　　　）的粘贴方法不同，操作时应加以注意和区别。

    A.水晶甲　　　　　B.半贴甲　　　　　C.喷绘甲　　　　　D.彩绘甲

8. 全贴甲根据用途分为：造型贴片、（　　　）贴片、彩绘贴片、3D贴片。

    A.自然色　　　　　B.法式　　　　　C.透明　　　　　D.立体

9. 甲沟内存有胶水，顾客会感到很不舒服，会（　　　）起翘的概率。

    A.减少　　　　　B.避免　　　　　C.增加　　　　　D.消除

10. 粘贴甲片的时候及时清理贴片胶是非常重要的环节，可以避免（　　　）流入甲沟。

    A.甲液　　　　　B.胶水　　　　　C.消毒液　　　　　D.清洁剂

11. 贴片去除接痕，可采用特殊的化学溶解剂，使（　　　）后，用抛光条磨除。

    A.贴片粘贴牢固　　　　　　　　B.贴片接痕清晰

    C.贴片接痕溶化　　　　　　　　D.贴片图案设计完好

12. 由于（　　　），有些顾客自身的指甲弧度不能和贴片的弧度相吻合，因而产生不舒服的感觉。

    A.指甲生长结构的不同　　　　　B.甲片图案设计问题

    C.贴片胶的黏度问题　　　　　　D.贴片本身的局限性

13. （　　　）指甲的优点是可以缩短服务时间。

    A.水晶　　　　　B.光疗　　　　　C.贴片　　　　　D.彩绘

14. 粘贴全甲片时，手指应捏住甲片的前缘，以（　　　）将贴片后缘顶在自然指甲后缘处。

    A.20°　　　　　　　B.30°　　　　　　　C.45°　　　　　　　D.60°

15. 全贴甲片与半贴甲片的粘贴方法不同，操作时应注意加以区别，全贴甲片的操作步骤中没有（　　　）工作。

    A.打磨　　　　　B.刻磨　　　　　C.去接痕　　　　　D.抛光

16. 关于贴片胶的性质，下列（　　　）的说法是正确的。

A. 无法黏合贴片和自然指甲　　　B. 是膏体

C. 是一种结晶体　　　　　　　　D. 是一种黏稠的液体

三、填空题

1. 贴片甲从结合方法上可分为（　　　）（　　　）（　　　）三大类。

2. 全贴甲片，背面（　　　）凹槽，整个覆盖在指甲上，独立使用，粘贴时呈（　　　）角，由（　　　）缘向（　　　）缘粘贴。

3. 半贴甲片，背面（　　　）凹槽，后缘平滑，一半粘贴在指甲上，露出自然甲甲床部位，粘贴时，由（　　　）缘向（　　　）缘粘贴。

4. 法式贴片，背面（　　　）凹槽，后缘成弧形，有微笑线，粘贴时由（　　　）缘向（　　　）缘粘贴。

5. 粘贴全贴甲片时，将贴片向指甲前缘方向压在自然指甲表面，校正（　　　）后按压（　　　）秒，尽量将（　　　）挤出。

6. 去除贴片接痕有两种方法：（　　　）去接痕法、（　　　）去接痕法。

四、实战题

一位顾客来到美甲店做美甲，她要赶时间上班，还想在本甲的基础上再加长，你作为美甲师为这位顾客设计美甲方案，并针对方案写出操作流程。

项目五 装饰甲的制作

知识目标 ◀

1. 掌握色彩搭配的方法。
2. 掌握美甲构图的特点。
3. 掌握法式美甲的定义。
4. 了解法式美甲的特点及分类。
5. 掌握标准法式美甲的要求。

能力目标 ◀

1. 能够独立与顾客进行沟通并进行制作方案设定。
2. 掌握甲油胶的涂抹与勾绘。
3. 掌握美甲工具摆台、消毒的工作流程，对使用过的用品能进行分类、分新旧进行登记。
4. 能根据顾客的自然甲特点和要求进行法式美甲的操作。
5. 能正确使用法式美甲的勾绘制作。

素质目标 ◀

1. 具备一定的审美与艺术素养。
2. 具备一定的语言表达能力和与人沟通能力。
3. 具备良好的卫生习惯与职业道德精神。
4. 具备敏锐的观察力与快速应变能力。
5. 具备较强的创新思维能力与动手实践能力。

任务一　色彩搭配与构图设计

【任务描述】

　　能够面向不同风格的顾客，在20分钟内独立完成色彩及构图设计方案。

【用具准备】

　　绘画工具、甲片、甲油、指甲贴纸等。

【实训场地】

　　美甲实训室（10套工作台、多媒体大屏、空调）。

【技能要求】

　　1.能够熟练地运用工具。

　　2.能够熟练地完成美甲方案的设计。

一、美甲的色彩

（一）色彩常识

所谓色彩，是色与彩的全称。色是指分解的光进入人眼并传至大脑时产生的感觉，彩是指多色的意思，色彩是客观存在的物质现象，是光刺激眼睛所引起的一种视觉感。它是由光线、物体和眼睛三个感知色彩的条件构成的，缺少任何一个条件，人们都无法准确地感受色彩。多样的色彩受色相、明度、纯度影响，也称色彩三要素，如表 5-1 所示。

表 5-1   色彩三要素

要素名称	要素特点
色相	色彩的本来面貌，有亮色调、灰色调、暗色调
明度	色彩明度，又称为色彩的亮度。不同颜色会有明暗的差异，相同颜色也有明暗深浅的变化
纯度	色彩的饱和度或色彩的纯净程度。纯度级别分为高纯度（鲜艳）、中纯度（自然）和低纯度（含蓄）。三原色纯度最高

色彩中最基本的颜色为红、黄、蓝，称为三原色，这三种原色本身是调不出的，但通过它们可以调配出多种色相的色彩。原色中任意两种色彩调和产生的颜色称为间色，分别是橙、绿、紫三色。

（二）色彩搭配

常用的色彩对比有色彩使用的轻重对比、色彩使用的点面对比、色彩使用的反差对比。

轻重对比：色彩的轻重感主要是由明度来决定的。浅色调往往具有轻盈柔软的感觉，重色调则具有压力重量感。因此要想让色调变轻，可以通过加白来提高明度，反之则加黑降低明度，如图 5-1 所示。

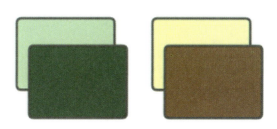

图 5-1   轻重对比

点面对比：主要在美甲制作的设计过程中，在使用色彩上从一个中心或集中点到整体画面的对比，即小范围和大范围画面间的对比，如图 5-2 所示。

反差对比：这种反差对比实质上是由多种色彩自身的不同而相互间形成的反差效果。这种反差效果通常的表现方法是：冷暖的反差，如红和蓝的对比；动静的反差，如淡雅的背景与活泼的图案对比；轻重的反差，如深沉的色素与轻淡的色素对比，如图 5-3 所示。

图 5-2　点面对比　　　　　　　　　　图 5-3　反差对比

（三）美甲中色彩的搭配使用

1. 美甲颜色与肤色的搭配技巧

（1）肤色偏暗：尽量选择深色系的美甲，例如黑色系、红色系、深蓝色系等。最重要的是要避免选择荧光色系和明亮色，例如橙色、暗紫色等。

（2）肤色偏黄：选择浅色系的美甲，例如奶茶色、裸色等。因为这类颜色和肤色接近，能很好地修饰手部颜色，让手部看起来更加自然。

（3）肤色白皙：各种颜色都可以尝试一下，尤其推荐的是紫色系和橙色系。

2. 美甲颜色与甲形的搭配技巧

（1）方形指甲：切忌颜色过亮的甲油颜色。方形甲是一款好搭的甲形，但方形甲给人一种距离感，因此不要搭配过亮的甲油颜色，如银色、白色、金色等。

（2）椭圆形与圆形指甲：这两种是常见的形状，看起来比较柔和，是大众性甲形。用暖色系的甲油比较普遍，如粉色、酒红，切忌选择冷色系，如黑色、绿色。

（3）尖形指甲：切忌用闪粉或亮片，建议选择低调的甲油颜色，突出较强的时尚个性感。

二、美甲的构图

（一）构图的定义

构图指作品中艺术形象的结构配置方法，它是造型艺术表达作品思想内容并获得艺术感染力的重要手段，是视觉艺术中常用的技巧和术语，特别是绘画、设计与摄影中。构图讲究的是均衡与对称、对比和视点。

（二）构图的常见形式

常见的构图形式有：均衡式、对称式、变化式、对角线式构图、X 形构图、S 形构图、T 形构图、九宫格式构图（见图 5-4）。这些形式的特点有：

（1）均衡式：从形象、大小、位置、色彩方面来说，画面对应是自然而平衡。

（2）对称式：具有平衡、稳定、相对的特点，缺点是缺少变化、显得呆板。

（3）变化式：构图故意安排在一角或一边，能给人以思考和想象，富有韵味。

（4）对角线式：把构图主体安排在对角线上，显得动感活泼，吸引视线，达到突出主体的效果。

（5）X 形构图：线条、装饰按 X 形布局，透视感强，有利于把人们的视线由四周引向中心。

（6）S 形构图：又叫流动式构图，产生优美、雅致、协调的感觉。

（7）T 形构图：有稳定、延长感。适合顾客甲形短宽的指甲。

（8）九宫格式：将主体放在"九宫格"交叉点的位置上。"井"字的四个交叉点就是主体的最佳位置。一般认为，右上方的交叉点最为理想，其次为左下方的交叉点。这种构图格式具有突出主体并使画面趋向均衡的特点。

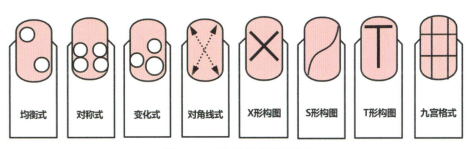

均衡式　对称式　变化式　对角线式　X形构图　S形构图　T形构图　九宫格式

图 5-4　常见的构图形式

实·践·操·作　　美甲的构图设计

美甲的构图设计技巧、步骤与方法

第一步 **完成底色** 为美甲选择一款基础色进行打底，如图5-5所示。

图5-5　完成底色

第二步 **勾绘构图** 确定选择变化式的构图方法，根据顾客喜好选择图案进行勾绘，如图5-6所示。

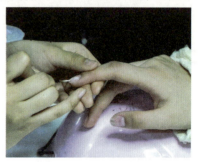

图5-6　勾绘构图

操作技巧：美甲的基础底色根据色彩搭配技巧进行选择，如果选择了多样的美甲装饰，底色色彩则不宜复杂，最好不超过2种颜色。

第三步 **粘贴饰品** 选择与美甲风格相搭的饰品进行粘贴固定，如图5-7所示。

图5-7　粘贴饰品

第四步 **涂抹亮油** 达到预期效果后，涂上一层亮油，完成，如图5-8所示。

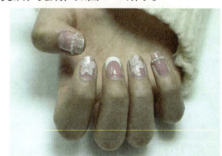

图5-8　涂抹亮油

操作技巧：不同材质的饰品风格大不相同，比如，美甲属于温柔风格，可选择珍珠饰品，重工风格可选择钻石饰品，可爱风格则可以选择贴纸等进行装饰。

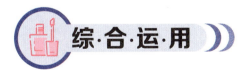

任·务·评·价

评价标准		得分				
		分值	学生自评	学生互评	教师评定	企业评定
准备工作	准备物品齐全	5				
	准备物品整洁	5				
	操作者仪容仪表（头发整齐、穿着实训服和佩戴工牌）	5				
时间限制	在规定时间内完成此任务	10				
礼仪素养	在操作中与顾客交流顺畅、动作规范轻柔，美甲工作台物品整洁	5				
技能操作	设计主题突出，符合顾客风格	15				
	色彩搭配和谐，过渡衔接自然	10				
	贯穿十指，有视觉吸引力	10				
	技术娴熟，有一定技巧难度	15				
整理工作	工具整理	5				
	卫生清理	5				
	安全检查	10				

综·合·运·用

　　你是一名美甲师，在面对一位风格独特的顾客时，应从哪几方面与顾客进行沟通来完成她的美甲设计？试着展示出你的设计方案。

任务二　甲油勾绘制作

【任务描述】

　　能够在60分钟内完成甲油的涂抹与勾绘。

【用具准备】

　　消毒水、消毒棉、指甲护理全套工具、底油、甲油、亮油、白色甲油。

【实训场地】

　　美甲实训室（10套工作台、多媒体大屏、空调）。

【技能要求】

　　1.能够熟练地运用工具。

　　2.能够熟练地完成法式美甲涂抹与勾绘。

一、甲油的涂抹与勾绘

（一）甲油涂抹

1. 甲油的特点

甲油含有挥发溶剂，涂于指甲后会形成有色的薄膜，这层薄膜附着在指甲上，具有适度着色的光泽，既可保护指甲，又赋予指甲一种美感。它不需要照灯，也称为自干型甲油。因此甲油一般会放在透明的瓶子里，保存的时候只需密封好就可以。

2. 甲油胶的涂抹方法

甲油的涂抹顺序很重要，它是确保黏合效果的关键。在涂抹甲油之前，应该先将所有表面清洁干净，除去粉尘、油污等。这样可以让甲油均匀地涂抹到表面，确保甲油和表面完全黏合。

涂甲油时动作要快，尽量三笔涂完。第一笔从指甲根部的中间向甲尖方向一涂到底；第二笔和第三笔分别自甲根两侧向甲尖涂。第一遍甲油干透后，再按上述方法涂一遍。涂完彩色甲油或彩绘后，须上一层封层，不仅可增加光泽与亮度，还可对里层的彩色甲油、彩绘、饰品起保护作用。

（二）甲油勾绘

指甲彩绘是用绘具在指甲上描画出图案的艺术。具体有以下分类：

魔幻彩绘：用各种各样颜色的指甲油点、勾、画出的各种图案，构图变化万千，使用其他饰物做点缀。

手工彩绘：图案具体写实、生动细腻的特点，体现了美甲师的手工绘画技巧和创意。

珠宝钻石镶嵌：以成型的珠、钻及其他饰物在指甲上排列出不同图案效果，或为其他创作手法做点缀。

浮雕、内雕指甲：用水晶粉、树脂胶等产品在指甲上制作出凹凸、立体的图案效果，是美甲师更高层次技巧的体现。

立体雕塑指甲：作品完全立体，具有三维效果，可大可小，是美甲师技巧、灵魂、文化素养的综合体现。

二、法式美甲涂抹与勾绘

（一）法式美甲定义

法式美甲源于法国巴黎时装秀。它是一款百搭型美甲。"留白"的形式更显示出了美甲的返璞归真、简洁大方，如图 5-9 所示。

图 5-9 法式美甲

（二）法式美甲的特点

法式美甲的特点是制作简便、快捷，制作时间短，工具使用简单，给人以清新、典雅的感觉。

（三）法式美甲分类

法式美甲可分为两类：标准法式美甲、创意法式美甲。

（四）标准法式美甲

（1）标准法式美甲定义：在自然甲修护之后，用白色甲油涂抹在指甲前缘。

（2）法式美甲标准：

①A、B两点要等高。

②微笑线要清晰、圆滑、流畅。

③表面要平整、光洁。

④一双手的法式边要等宽。

法式美甲标准如图5-10所示。

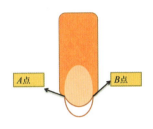

图5-10　法式美甲标准

实·践·操·作 >> 甲油涂抹与勾绘制作

甲油涂抹技巧、步骤与方法

第一步 **消毒** 用酒精喷雾将顾客和自己的双手以及所使用的工具进行消毒处理，如图5-11所示。

图5-11　消毒

第二步 **自然甲修护** 对顾客的甲形进行打磨，修剪老化指皮，如图5-12所示。

图5-12　自然甲修护

　　操作技巧：消毒顾客双手时用左手挡一下，避免喷到顾客衣服上；将消毒好的工具，用干棉片擦掉消毒酒精；甲形打磨统一，修剪指皮时，要先推后剪。

第三步 **清洁甲面** 用砂条对自然甲甲面进行刻磨，去掉甲面油后清洁甲面粉尘，增强牢固度，如图 5-13 所示。

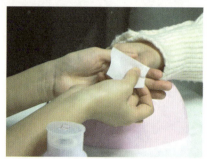

图 5-13　清洁甲面

第四步 **涂抹底油** 涂层加钙底油，在指甲表面，如图 5-14 所示。

图 5-14　涂抹底油

操作技巧：刻磨甲面要轻柔，速度要慢，避免甲面发烫，确保刻磨全面；涂抹甲油时动作要快。

第五步 **涂抹甲油（一）** 蘸少许指甲油涂在指甲的正中，刷子稍平些，刷头稍压开一些，如图 5-15 所示。

图 5-15　涂抹甲油（一）

第六步 **涂抹甲油（二）** 先涂指甲左侧，后涂指甲右侧。等干透后涂抹第二层，如图 5-16 所示。

图 5-16　涂抹甲油（二）

操作技巧：涂甲油并不一定要涂满整个甲面，如果甲型较宽，可以在指甲两侧留出 1~2 毫米空白，这样指甲看上更显修长。

第七步 **清理甲面** 涂完甲油如有多余甲油溢出，用棉签蘸上洗甲水，将多余甲油擦去，如图 5-17 所示。

图 5-17　清理甲面

第八步 **涂抹亮油** 达到预期效果后，涂上一层亮油，完成，如图 5-18 所示。

图 5-18　涂抹亮油

操作技巧：第二层甲油在涂抹时可以选择带亮片或者激光半透明甲油，使美甲看起来更有层次感。

实·践·操·作　　法式美甲制作

法式美甲技巧、步骤与方法

第一步 **消毒** 用酒精喷雾将顾客和自己的双手以及所使用的工具进行消毒处理，如图 5-19 所示。

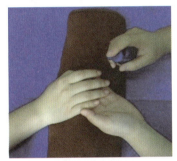

图 5-19　消毒

第二步 **自然甲修护** 对顾客的甲形进行打磨，修剪老化指皮，如图 5-20 所示。

图 5-20　自然甲修护

操作技巧：消毒顾客双手时用左手挡一下，避免喷到顾客衣服上；消毒好的工具用之前用干棉片擦掉多余酒精；甲形修剪双手要统一，修剪指皮要彻底，不能有毛边。

第三步 **甲油打底** 涂抹一层底油，如图 5-21 所示。

图 5-21　甲油打底

第四步 **画法式边** 用白色的甲油刷，沿指甲前缘左侧开始转动手腕，往右侧方向描画出一条薄薄的微笑线，待干透后重复一次，涂实整个游离缘（指甲前缘）部分，如图 5-22 所示。

图 5-22　画法式边

操作技巧：甲油涂抹不宜太厚，避免甲面堆积太高。

第五步 **涂亮油** 双手描画完毕后，待指甲前缘处的白色甲油干透，在指甲上涂抹一层亮油，如图5-23所示。

图 5-23 涂亮油

第六步 **检查完成后的效果** 如在涂抹甲油的过程中涂到甲沟和周围皮肤上，则用橘木棒制作棉签，蘸取洗甲水清理多余甲油，如图5-24所示。

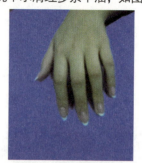

图 5-24 检查完成后的效果

操作技巧：涂胶适量，避免流淌；不可以缩短顾客的甲床；微笑线不可以露出指芯。

任·务·评·价

评价标准		得分				
		分值	学生自评	学生互评	教师评定	企业评定
准备工作	准备物品齐全	5				
	准备物品整洁	5				
	操作者仪容仪表（头发整齐、穿着实训服和佩戴工牌）	5				
时间限制	在规定时间内完成此任务	10				
礼仪素养	在操作中与顾客交流顺畅、动作规范轻柔，美甲工作台物品整洁	5				
技能操作	甲面干净、平整、光洁	10				
	微笑线清晰、圆滑、流畅清晰、圆滑、流畅	5				
	A、B两点要等高	5				
	双手的法式边要等宽	10				
	甲形打磨标准、无毛边	10				
	指皮修剪干净，无伤口，无毛边	10				

续表

评价标准		得分				
		分值	学生自评	学生互评	教师评定	企业评定
整理工作	工具整理	5				
	卫生清理	5				
	安全检查	10				

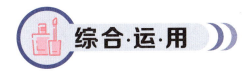
综合·运·用

　　美甲师小丽接到了法式美甲的制作工作，她应从哪几方面进行沟通与制作？在制作时应注意哪些事项？

任务三　饰品装饰美甲

【任务描述】

能够在 60 分钟内完成饰品装饰美甲制作。

【用具准备】

消毒水、消毒棉、指甲护理全套工具、底油、甲油、亮油、饰品（水钻）、胶水、点钻笔、小镊子。

【实训场地】

美甲实训室（10 套工作台、多媒体大屏、空调）。

【技能要求】

1. 能够熟练地运用工具。
2. 能够熟练地完成饰品装饰制作。

知·识·准·备

一、镶嵌装饰美甲的定义

镶嵌装饰是指美甲师利用成型的美甲饰品，如美甲水钻、珍珠颗粒、塑料小饰品、金属小饰品等，加工制作到指甲的表面，如图5-25所示。

图 5-25　镶嵌装饰

二、镶嵌装饰美甲的特点

体现不同的气质，彰显不同个性。有的华丽、闪耀，有的温文尔雅，有的具有个性，有的时尚有范儿。

三、镶嵌饰品的分类

（1）钻饰类：不同大小、形状的钻饰，如图5-26所示。

（2）贝壳类：贝壳片、珍珠饰品等，如图5-27所示。

（3）不同形状的塑料饰品，如图5-28所示。

（4）不同款式的金属饰品，如图5-29所示。

图 5-26　钻饰类

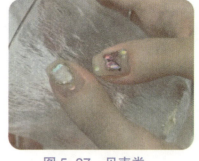

图 5-27　贝壳类

图 5-28　塑料类

图 5-29　金属类

 实·践·操·作　　**镶嵌饰品美甲制作**

镶嵌饰品美甲制作技巧、步骤与方法

第一步　**消毒** 用酒精喷雾将顾客和自己的双手以及所使用的工具进行消毒处理，如图 5-30 所示。

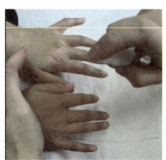

图 5-30　消毒

第二步　**自然甲修护** 对顾客的甲形进行打磨，修剪老化指皮，如图 5-31 所示。

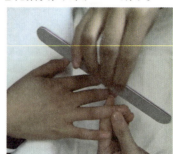

图 5-31　自然甲修护

操作技巧：消毒顾客双手时用左手挡一下，避免喷到顾客衣服上；消毒好的工具用之前用干棉片擦掉多余酒精；甲形修剪双手要统一，修剪指皮要彻底，不能有毛边。

第三步 **甲油打底** 涂抹底油或有色甲油进行装饰，干透后涂抹亮油如图 5-32 所示。

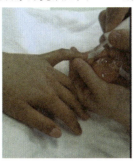

图 5-32　甲油打底

第四步 **选择饰品（水钻）** 准备好大小合适的水钻，正面朝上，如图 5-33 所示。

图 5-33　选择饰品

操作技巧：甲油涂抹不宜太厚，避免甲面堆积太高；选择水钻时，尽量有大有小，不宜选择同一型号。

第五步 **涂胶** 将胶水滴在橘木棒的坡面上，再点落在甲面需要粘贴水钻的地方，如图 5-34 所示。

图 5-34　涂胶

第六步 **镶嵌饰品** 用点钻笔或小镊子取水钻凸面，再将水钻放在甲面涂抹胶水的位置上，大颗粒水钻或饰品可选择小镊子放好并轻压，如图 5-35 所示。

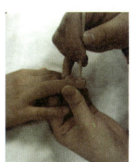

图 5-35　镶嵌饰品

操作技巧：涂胶适量，避免流淌；粘贴饰品后要检查是否牢固，可用橘木棒从饰品下面补充胶水包边，不可将胶水直接滴在甲面上。

任·务·评·价

评价标准		得分				
		分值	学生自评	学生互评	教师评定	企业评定
准备工作	准备物品齐全	5				
	准备物品整洁	5				
	操作者仪容仪表（头发整齐、穿着实训服和佩戴工牌）	5				
时间限制	在规定时间内完成此任务	10				
礼仪素养	在操作中与顾客交流顺畅、动作规范轻柔，美甲工作台物品整洁	5				
技能操作	甲面干净	10				
	甲面无多余胶水	5				
	饰品大小选择合适	5				
	饰品粘贴位置合适	10				
	甲形打磨标准、无毛边	10				
	指皮修剪干净，无伤口，无毛边	10				
整理工作	工具整理	5				
	卫生清理	5				
	安全检查	10				

综·合·运·用

美甲师小丽接到了饰品装饰美甲的制作工作，她应从哪几方面进行沟通与制作？在制作时应注意哪些事项？

任务四 粘贴装饰美甲

【任务描述】

能够在 60 分钟内完成半贴甲片的制作。

【用具准备】

消毒水、消毒棉、指甲护理全套工具、底油、甲油、亮油、贴饰。

【实训场地】

美甲实训室（10 套工作台、多媒体大屏、空调）。

【技能要求】

1. 能够熟练地运用工具。

2. 能够熟练地完成饰品粘贴。

知·识·准·备

一、贴饰美甲的定义

贴饰美甲是指将半成品的贴花饰品粘贴制作在甲面上，对甲面进行装饰、美化，如图5-36所示。

图 5-36　贴饰美甲

二、贴饰美甲的特点

制作简单快捷，价格低廉。

三、贴饰饰品的分类

（1）可按照不同的形状分类，如花卉类、动物类、卡通类、字母类、几何图案类等。

（2）可按照颜色分类等。

贴饰饰品如图5-37所示。

图 5-37　贴饰饰品

四、贴饰注意事项

（1）饰品选择符合自然甲尺寸。

（2）饰品选择符合色彩的搭配要求。

（3）饰品选择适合甲面的构图。

（4）饰品粘贴要服帖、牢固。

实·践·操·作　　贴饰美甲的制作

贴饰美甲的制作技巧、步骤与方法

第一步　**消毒**　用酒精喷雾将顾客和自己的双手以及所使用的工具进行消毒处理，如图5-38所示。

第二步　**自然甲修护**　对顾客的甲形进行打磨，修剪老化指皮，如图5-39所示。

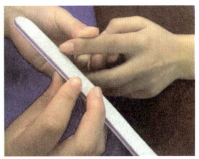

图 5-39　自然甲维护

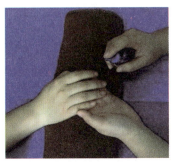

图 5-38　消毒

操作技巧：消毒顾客双手时用左手挡一下，避免喷到顾客衣服上；消毒好的工具用之前用干棉片擦掉多余酒精；甲形打磨统一，修剪指皮时，要先推后剪。

第三步　**甲油打底**　涂抹底油或有色甲油，进行打底装饰，如图5-40所示。

第四步　**选择贴饰**　用小镊子将贴花放置在已干的甲面上，并注意贴花与底色的颜色搭配，如图5-41所示。

图 5-40　甲油打底

图 5-41　选择贴饰

操作技巧：甲油涂抹不宜太厚，避免甲面堆积太高；选择粘贴饰品时，要注意风格的搭配、色彩的搭配及甲面位置的搭配。

第五步 **涂亮油** 在贴饰上面涂抹亮油，如图5-42所示。

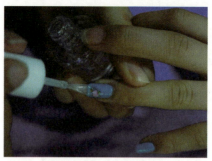

图5-42   涂亮油

操作技巧：粘贴平稳、服帖、牢固，无起翘。亮油均匀、厚薄一致，避免流淌。

任·务·评·价

评价标准		得分				
		分值	学生自评	学生互评	教师评定	企业评定
准备工作	准备物品齐全	5				
	准备物品整洁	5				
	操作者仪容仪表（头发整齐、穿着实训服和佩戴工牌）	5				
时间限制	在规定时间内完成此任务	10				
礼仪素养	在操作中与顾客交流顺畅、动作规范轻柔，美甲工作台物品整洁	5				
技能操作	甲面干净	10				
	饰品色彩搭配选择合适	5				
	饰品粘贴位置选择合适	5				
	饰品粘贴牢固、无翘边	10				
	甲形打磨标准、无毛边	10				
	指皮修剪干净，无伤口，无毛边	10				
整理工作	工具整理	5				
	卫生清理	5				
	安全检查	10				

综·合·运·用

　　美甲师琳琳接到了饰品粘贴美甲工作，她应从哪几方面进行沟通与制作？在制作时应注意哪些事项？

单元回顾

知·识·链·接

一、镶嵌装饰美甲

　　（1）美甲水钻：背面是平面，可独立使用，也可搭配贴饰使用，水钻面不可粘胶水。较大颗粒需用胶水包边。

　　（2）珍珠颗粒：背面是平面，可独立使用，也可搭配贴饰使用，表面不可粘胶水。较大颗粒需用胶水包边。

　　（3）塑料小饰品：背面是平面，可独立使用，也可搭配贴饰使用，表面不可粘胶水，较大颗粒需用胶水包边。

　　（4）金属小饰品：背面有的是平面，可独立使用，也可搭配贴饰使用，有的是颗粒，可刷一层亮油在表面。

二、贴饰饰品的分类

　　（1）贴饰饰品分类，需根据顾客所做的款式进行粘贴，双手尽量选择同一种风格。

　　（2）按照颜色分类，不同底色搭配不同色彩的贴饰。底色深的选择贴饰颜色浅的，底色浅的选择贴饰颜色深的。

三、粘贴不牢固的原因

（1）胶水太少。

（2）没压紧。

（3）尺寸太大，需包边。

（4）有指尘、隔离胶水。

单元练习

一、判断题

1.在镶嵌饰品时，胶水涂得越多越牢固。 （　　）

2.在镶嵌饰品时，最好用手直接粘贴。 （　　）

3.粘贴贴饰饰品时，应注意贴花与底色的颜色搭配。 （　　）

4.在镶嵌饰品时，饰品粘贴要服帖、牢固。 （　　）

5.镶嵌水钻装饰，可以在水钻上面涂一层胶水，让它粘得更牢固。 （　　）

6.粘贴贴花美甲时，应先粘贴，再刷亮油。 （　　）

7.要想让色调变轻，可以通过加蓝来提高明度，反之则加红降低明度。 （　　）

8.肤色偏黄，选择浅色系的美甲，例如奶茶色，裸色等。因为这类颜色和肤色接近，能很好地修饰手部颜色，让手部看起来更加自然。 （　　）

9.在涂抹甲油之前，应该先将所有表面清洁干净，除去粉尘、油污等。 （　　）

10.涂甲油时动作要快，尽量四笔涂完。 （　　）

11.涂完彩色甲油或彩绘后，须上一层封层，不仅可增加光泽与亮度，还对里层的彩色甲油、彩绘、饰品起保护作用。 （　　）

12.指甲彩绘是指用绘具在指甲上描画出图案的艺术。 （　　）

二、填空题

1.饰品装饰甲通过外饰物让指甲更具（　　　　）和（　　　　）。

2.镶嵌饰品根据材质可分为（　　　　）、贝壳类饰品、塑料类饰品、金属饰品。

3.贴饰美甲的特点是简单、（　　　　）、（　　　　）。

4.所谓色彩，是（　　　　）的全称。色是指分解的光进入（　　　　）并传至（　　　　）时产生的感觉。彩是（　　　　）的意思，色彩是客观存在的（　　　　），是光刺激眼睛所引起的一种视觉感。

5.色彩是由（　　　　）、（　　　　）和（　　　　）三个感知色彩的条件构成的，缺少任何一个条件，人们都无法准确地感受色彩。

6.多样的色彩受（　　　）、（　　　）、（　　　）影响，也称色彩三要素。

7.色彩中最基本的颜色为（　　　）、（　　　）、（　　　），称为三原色，这三种原色本身是调不出的，但通过它们可以调配出多种色相的色彩。

8.原色中任意两种色彩调和产生的颜色称为间色，分别是（　　　）、（　　　）、（　　　）三色。

9.标准法式甲定义：在自然甲修护之后，用（　　　）甲油涂抹在指甲前缘，一般用（　　　）。

10.拿甲油刷的手要找个（　　　），画时要（　　　）手腕。

11.法式美甲适合甲床长的女性，同时指甲前缘要有（　　　）毫米的指甲。

12.描绘法式边时，毛刷要（　　　），不能（　　　）。

13.法式美甲的特点是制作简便、（　　　），制作时间短，工具使用简单，视觉上给人以（　　　）、（　　　）的感觉。

14.指甲油含有溶剂，容易（　　　），涂于指甲后会形成有色的薄膜，附着在指甲上，具有适度着色的光泽，既可保护指甲，又赋予指甲一种美感。

15.指甲油含有挥发性（　　　），涂于指甲后会形成有色的（　　　），其附着在指甲上，具有适度着色的光泽，既可保护指甲，又可赋予指甲一种美感。

16.甲油的涂抹顺序很重要，它是确保（　　　）的关键。

三、选择题

1.下列选项中常用的色彩对比不包括（　　　）。

　　A.色彩使用的轻重对比　　　　　B.色彩使用的点面对比

　　C.色彩使用的双面对比　　　　　D.色彩使用的反差对比

2.下列选项中常见的美甲构图形式不包括（　　　）。

　　A.均衡式　　　B.对称式　　　C.变化式　　　D.曲面式

3.下列选项中不适合肤色偏暗的人群选择的美甲颜色是（　　　），尽量选择深色系的美甲，例如（　　　）系。

　　A.黑色系　　　B.白色系　　　C.红色系　　　D.深蓝色

4.法式美甲可分为标准法式甲和（   ）。

　　A.法式水晶甲　　B.标准法式甲　　C.创意法式甲　　D.贴片法式甲

5.标准法式甲即传统的法式指甲，是利用（   ）指甲油，在指甲前端画出有如微笑般的圆弧形——美甲界的特有名词"微笑线"也就这样诞生了。

　　A.单色　　　　　　B.有色　　　　　　C.双色　　　　　　D.白色

四、实战题

1.有一位顾客来到美甲店做水钻镶嵌美甲，请你写出操作流程。

2.常见的九宫格式构图形式的特点是什么？

3.法式美甲标准是什么？

项目六 延长甲的制作

知识目标 ◀

1. 掌握延长甲的定义。
2. 了解延长甲的用途。
3. 掌握延长甲的特点。
4. 掌握延长甲的分类。
5. 掌握延长甲的选择方法。

能力目标 ◀

1. 掌握美甲工具摆台、消毒工作流程，对使用过的用品能通过分类、分新旧进行登记。
2. 能根据顾客自然甲尺寸正确选择贴片所使用的延长甲的类型。
3. 能根据顾客自然甲特点和要求进行延长操作。
4. 掌握水晶延长甲、光疗延长甲的制作技巧。
5. 能够独立与顾客进行沟通并进行制作方案设定。

素质目标 ◀

1. 具备一定的审美与艺术素养。
2. 具备一定的语言表达能力和与人沟通能力。
3. 具备良好的卫生习惯与职业道德精神。
4. 具备敏锐的观察力与快速应变能力。
5. 具备较强的创新思维能力与动手实践能力。

任务一　延长纸托的使用

【任务描述】

完成纸托板的修形。

【用具准备】

小剪刀、纸托板。

【实训场地】

美甲实训室（10套工作台、多媒体大屏、空调）。

【技能要求】

1. 能基本掌握工具、材料的运用。

2. 能基本掌握纸托板的操作技法。

一、延长纸托的定义

延长纸托是做光疗甲、水晶甲延长的必备工具，如图 6-1 所示。

图 6-1   延长纸托

二、延长纸托的特点

制作光疗甲、水晶甲时起安置、定型、矫正的作用，一般纸托板上有刻度数值，方便每个手指甲都延长到一样的程度。

三、延长纸托的注意事项

（1）上纸托时是"一卡二压三对"。"卡"是纸托和自然甲要卡紧；"压"是压游离缘两侧；"对"是纸托板和手指的第一指关节对正。

（2）上完指托后要从正面、前面、侧面和上面等多个角度检查。

（3）检查指托上得是否标准，要正视指托板与第一指关节成一条直线，侧视纸托板与指甲表面平行，前视纸托板与自然甲之间无缝隙，俯视指托板与指甲 AB 两点衔接紧密。

实·践·操·作　延长纸托

延长纸托的制作技巧、步骤与方法

第一步　**消毒**　用酒精喷雾将顾客和自己的双手以及所使用的工具进行消毒处理，如图 6-2 所示。

图 6-2　消毒

第二步　**修剪纸托**　将纸托修剪成顾客需要的形状，如图 6-3 所示。

图 6-3　修剪纸托

操作技巧：消毒顾客双手时用左手挡一下，避免喷到顾客衣服上；消毒好的工具用之前用干棉片擦掉多余酒精。

第三步　**上纸托板**　将纸托板固定在顾客手指上，如图 6-4 所示。

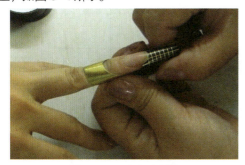

图 6-4　上纸托板

第四步　**检查纠正**　根据顾客自然甲形状纠正延长甲托，如图 6-5 所示。

图 6-5　检查纠正

操作技巧：上纸托是"一卡二压三对"。"卡"是纸托和自然甲要卡紧，"压"是压游离缘两侧，"对"是纸托板和手指的第一指关节对正。

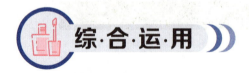

任·务·评·价

评价标准		得分				
		分值	学生自评	学生互评	教师评定	企业评定
准备工作	准备物品齐全	5				
	准备物品整洁	5				
	操作者仪容仪表（头发整齐、穿着实训服和佩戴工牌）	10				
时间限制	在规定时间内完成此任务	10				
礼仪素养	在操作中与顾客交流顺畅、动作规范轻柔，美甲工作台物品整洁	10				
技能操作	延长纸托的形状修剪合适	10				
	延长纸托与自然甲能卡住	5				
	长度符合顾客要求	5				
	延长纸托无歪斜、上翘、下垂现象	10				
整理工作	工具整理	10				
	卫生清理	10				
	安全检查	10				

综·合·运·用

　　美甲师元元接到了延长纸托的制作工作，她应从哪几方面进行沟通与制作？在制作时应注意哪些事项？

任务二　水晶延长甲的制作

【任务描述】

　　能够在 60 分钟内完成水晶延长甲的制作。能够在 30 分钟内完成水晶延长甲的卸除。

【用具准备】

　　水晶笔、水晶粉（白、粉）、甲液杯、纸托、砂条、海绵抛、抛光块、粉尘刷、营养油、纸巾、指缘推棒。

【实训场地】

　　美甲实训室（10 套工作台、多媒体大屏、空调）。

【技能要求】

　　1.能够熟练地运用工具。

　　2.能够熟练地完成水晶延长甲的制作与卸除。

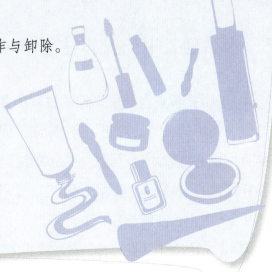

知·识·准·备

一、水晶延长甲的定义

　　水晶延长甲靠的是水晶粉和水晶液等化学物质的引发剂及固化剂产生聚合固化反应，有一定的刺激气味。水晶延长甲因其晶莹剔透，像水晶一样璀璨而得名，如图6-6所示。

图6-6　水晶延长甲

二、水晶延长甲的特点

　　水晶延长甲显得手指修长，典雅大方，同时弥补了手形不美的缺陷，深得欧美女士的喜爱，近年来进入中国市场，更是风靡一时。

三、水晶延长甲的操作注意事项

　　（1）指托板在水晶甲制作的过程中是很关键的要素。首先，要对正，要将指托板的中心线与指甲的关节处对正，这样指托就再也不会歪了；其次，指托板还要与指甲前缘紧密结合，没有缝隙才行；最后，要将指芯与指托板吻合，不能够刚好吻合的就用小剪刀裁剪指托板，直至吻合。遵循以上这三点，上指托板就没有问题了。

　　（2）防止水晶粉起翘，要注意以下三点：

　　第一，油脂没有去除干净，死皮去得不够干净，刻磨不到位，除尘不净，都会造成起翘。

第二，扑粉，后缘甲粉要薄。

第三，打磨过多也会起翘。

 **实·践·操·作** 　　　　**水晶延长甲的制作**

水晶延长甲的制作技巧、步骤与方法

第一步 **消毒** 用酒精喷雾将顾客和自己的双手以及所使用的工具进行消毒处理，如图6-7所示。

图6-7　消毒

第二步 **自然甲修护** 对顾客的甲形进行打磨，修剪老化指皮，如图6-8所示。

图6-8　自然甲修护

操作技巧：消毒顾客双手时用左手挡一下，避免喷到顾客衣服上；消毒好的工具用之前用干棉片擦掉多余酒精；甲形打磨要统一，修剪指皮时，要先推后剪。

第三步 **粘贴延长纸托** 撕下延长纸托贴在手指上，如图6-9所示。

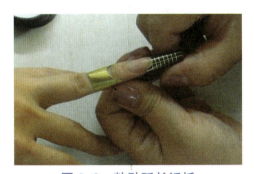

图6-9　粘贴延长纸托

第四步 **固定水晶粉** 将水晶粉溶剂倒进玻璃溶液杯中，将指甲刷浸泡在水晶粉溶剂里，将浸有水晶液的水晶笔在水晶粉中轻轻蘸取粉，会融成粉球。在指端部分滴下粉球，再用水晶笔快速将水晶粉往左右推开，推开后用水晶笔轻压，使水晶粉的厚度均匀，如图6-10所示。

图6-10　固定水晶粉

操作技巧：延长纸托要接在指甲边缘的接口处，一定要正好吻合，否则指模的曲线会影响稍后制作的水晶指甲弧度。

第五步 **调整水晶粉** 在中间滴下粉球，用笔将水晶粉推开，压薄水晶粉厚度，使其均匀。往后刷，使水晶粉与之前的弧度自然衔接。在指甲近底部滴下粉球，用笔将水晶粉往左右推开，压薄水晶粉厚度使其均匀，往后刷使水晶粉与之前粉的弧度自然衔接，如图6-11所示。

图6-11　调整水晶粉

第六步 **卸除延长纸托** 在水晶粉已经开始变干的时候，卸下延长纸托，如图6-12所示。

图6-12　卸除延长指托

操作技巧：延长纸托一定要等水晶延长甲变干的时候才能取下来，不然会损坏造型。

第七步 **修剪打磨** 根据顾客需求，将水晶延长甲修剪至合适长度，并打磨成顾客要求的甲形，如图6-13所示。

图6-13　修剪打磨

第八步 **涂营养油** 在甲缘皮肤上涂抹营养油，并按摩至吸收，如图6-14所示。

图6-14　涂营养油

操作技巧：修剪水晶延长甲要用左手轻抚甲片，避免甲片飞起伤到顾客；修剪长度要一致；涂抹营养油适量，按摩力度轻柔。

任·务·评·价

评价标准		得分				
		分值	学生自评	学生互评	教师评定	企业评定
准备工作	准备物品齐全	5				
	准备物品整洁	5				
	操作者仪容仪表（头发整齐、穿着实训服和佩戴工牌）	10				
时间限制	在规定时间内完成此任务	10				
礼仪素养	在操作中与顾客交流顺畅、动作规范轻柔，美甲工作台物品整洁	10				
技能操作	水晶延长甲甲形一致	5				
	长度符合顾客要求	5				
	水晶延长甲粘贴无歪斜、上翘、下垂、气泡现象	10				
	甲形打磨标准、无毛边	10				
	指皮修剪干净，无伤口，无毛边	10				
整理工作	工具整理	5				
	卫生清理	5				
	安全检查	10				

综合·运·用

美甲师元元接到水晶延长甲的制作工作，她应从哪几方面进行沟通与制作？在制作时应注意哪些事项？

任务三 光疗延长甲的制作

【任务描述】

能够在60分钟内完成光疗延长甲的制作。能够在30分钟内完成光疗延长甲的卸除。

【用具准备】

消毒水、消毒棉、光疗笔、光疗胶、光疗灯、纸托、砂条、抛光条、抛光块、粉尘刷、纸巾。

【实训场地】

美甲实训室（10套工作台、多媒体大屏、空调）。

【技能要求】

1. 能够熟练地运用工具。
2. 能够熟练地完成光疗延长甲的制作与卸除。

一、光疗延长甲的定义

光疗延长甲是一种使光疗凝胶凝固的先进仿真甲技术，仿真甲具有与自然指甲一样的韧性弹性，不易断裂，如图6-15所示。

图6-15 光疗延长甲

二、光疗延长甲的特点

（1）无毒、无刺激化学物品，对人体无害。

（2）无味且不含香料，不影响人体呼吸及神经系统。

（3）具有与自然指甲一样的韧性、弹性，不易断裂。

（4）不使自然甲发黄，品质晶莹剔透、光泽透明。

（5）持久耐用，防丙醇，色泽艳丽，不会脱落。

（6）有利于为真甲塑形。

三、光疗延长甲的操作注意事项

（1）用光疗灯照射的时间要严格按照使用说明执行，照射的时间过长或过短都会影响指甲的使用寿命。

（2）基础胶在涂抹时要薄而均匀，不可涂得过多，有利于黏接。

（3）透明光疗胶一定要涂均匀，否则指甲表面凹凸不平，需要大量打磨。

（4）封面胶在涂抹时要迅速、薄而均匀，不可与皮肤接触。

（5）保持凝胶笔的清洁。

（6）光疗胶黏性很强，因此，涂抹时要非常注意。如果光疗胶粘在皮肤上，不要硬拉，可试着把干燥的胶层剥下或使用清洁剂。

实·践·操·作　　光疗延长甲的制作

光疗延长甲的制作技巧、步骤与方法

第一步 消毒 用酒精喷雾将顾客和自己的双手以及所使用的工具进行消毒处理，如图 6-16 所示。

图 6-16　消毒

第二步 自然甲修护 对顾客的甲形进行打磨，修剪老化指皮，如图 6-17 所示。

图 6-17　自然甲修护

操作技巧：消毒顾客双手时用左手挡一下，避免喷到顾客衣服上；消毒好的工具用之前用干棉片擦掉多余酒精；甲形修剪双手要统一，修剪要指皮彻底，不能有毛边。

第三步 固定延长纸托板 撕下延长纸托板贴在手指上，如图 6-18 所示。

图 6-18　固定延长纸托板

第四步 固定光疗胶 用光疗笔蘸取适量的光疗胶放置在结合处，如图 6-19 所示。

图 6-19　固定光疗胶

操作技巧：固定延长纸托的时候注意中心线要与手指中心对齐，指甲前缘与纸托间不能有缝隙。

第五步 **调整光疗胶、照灯** 轻拍出甲形，调整弧度，进行照灯。用清洁水清洁甲面浮胶，如图6-20所示。

图6-20　调整光疗胶、照灯

第六步 **取下纸托** 撕开纸托后缘，捏住纸托向下取，用清洁水清洁甲面浮胶，如图6-21所示。

图6-21　取下纸托

操作技巧：调整甲油胶时要使指甲表面光滑平整，弧度自然。延长纸托一定要等光疗延长甲变干的时候才能取下来，不然会损坏造型。

第七步 **修剪打磨** 根据顾客需求，将指甲修剪至合适长度，并打磨成顾客要求的甲形，如图6-22所示。

图6-22　修剪打磨

第八步 **涂营养油** 在甲缘皮肤上涂抹营养油，并按摩至吸收，如图6-23所示。

图6-23　涂营养油

操作技巧：修剪甲片要用左手轻抚甲片，避免甲片飞起伤到顾客；修剪长度要一致；涂抹营养油适量，按摩力度轻柔。

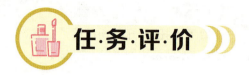

任·务·评·价

评价标准		得分				
		分值	学生自评	学生互评	教师评定	企业评定
准备工作	准备物品齐全	5				
	准备物品整洁	5				
	操作者仪容仪表（头发整齐、穿着实训服和佩戴工牌）	10				
时间限制	在规定时间内完成此任务	10				
礼仪素养	在操作中与顾客交流顺畅、动作规范轻柔，美甲工作台物品整洁	10				
技能操作	甲形一致	5				
	长度符合顾客要求	5				
	光疗延长甲粘贴无歪斜、上翘、下垂、气泡现象	10				
	甲形打磨标准、无毛边	10				
	指皮修剪干净，无伤口，无毛边	10				
整理工作	工具整理	5				
	卫生清理	5				
	安全检查	10				

综·合·运·用

美甲师元元接到光疗延长甲的制作工作，她应从哪几方面进行沟通与制作？在制作时应注意哪些事项？

单元回顾

本单元主要学习了延长纸托的使用、水晶延长甲和光疗延长甲的制作，这三个项目在实际工作中运用较多，也是较基础的技能，是每一位从业美甲师必须掌握的技能，掌握了它们的操作技巧和步骤，就能在美甲行业中立于不败之地。

一、延长甲的分类

（1）水晶延长甲：水晶延长甲靠的是水晶粉和水晶液等化学物质的引发剂及固化剂产生聚合固化反应。

（2）光疗延长甲：光疗延长甲是一种使光疗凝胶凝固的先进仿真甲技术，仿真甲具有与自然指甲一样的弹性，不易断裂。

二、延长甲的保养

（1）加强指缘的修护保养。

（2）改变用手习惯。

（3）做家务时戴手套。

（4）注重指甲的清洁工作。

（5）一段时间后去美甲店卸甲。

三、光疗延长甲的特点

（1）无毒无刺激化学物品，对人体无害。

（2）无味且不含香料，不影响人体呼吸及神经系统。

（3）具有与自然指甲一样的韧性、弹性，不易断裂。

（4）不使自然甲发黄，品质晶莹剔透，光泽透明。

（5）持久耐用，防丙醇，色泽艳丽，不会脱落。

（6）有利于为真甲塑形。

单元练习

一、判断题

1. 指托板是在制作水晶指甲时，延长指甲前缘用的专用支撑物。　（　　）

2. 指托板主要分为：贴片指托板、铝箍指托板、环形指托板三种。　（　　）

3. 给手指固定指托板，只需撕去指托板的底纸，捏紧即可。　（　　）

4. 指节过大时，指托板要撕开后部并向两边翻开。　（　　）

5. 没有指甲前缘时，可将指托板相应位置剪成三角形。　（　　）

6. 指托板可松可紧。　（　　）

7. 顾客的指芯长出指甲前缘，指芯外露，可在指托板的 C 形处剪出一个齿根状弧线。

　（　　）

8. 指板托上不正，只要做的时候对正，也能做出标准甲形。　（　　）

9. 环形指托板是一次性的，用完一次必须扔掉。　（　　）

10. 上纸托的要领是"一卡二捏三对"。　（　　）

11. 水晶甲粉也叫甲酯。　（　　）

12. 甲酯是甲液和水晶粉的混合物。　（　　）

13. 白色甲粉是做甲缘的法式部位的。　（　　）

14. 法式甲的上缘做到游离缘处。　（　　）

15. 法式水晶甲的第三笔是做在高点处。　（　　）

16. 法式水晶甲的第二笔要与甲缘留 0.3~0.8mm 的缝隙。　（　　）

17. 法式水晶甲做在甲床部位的是白色。　（　　）

18. 法式水晶甲可做成任何形状。　（　　）

19. 法式水晶甲的成品标准是"二薄一厚"。　（　　）

20. "一厚"是指游离缘部位要厚。　（　　）

21. 透明光疗胶的定型时间是 15 秒钟。　（　　）

22. 激光光疗胶的定型时间是 5 秒钟。　（　　）

23. 涂黏合剂的时候涂得越厚越结实。　（　　）

24. 做光疗延长时，第一笔一定要与自然甲衔接。　（　　）

25.做光疗延长甲之前一定要先将指甲进行修剪。　　　　　　　　　　（　　　）

26.光疗胶的充分固化需要5分钟。　　　　　　　　　　　　　　　　（　　　）

27.光疗胶也称为透明胶、模型胶、造型胶或者延长胶，可分为可卸和不可卸两种。

（　　　）

28.在自然甲上涂光疗胶要注意与甲缘留缝隙。　　　　　　　　　　　（　　　）

29.涂第二笔光疗胶要注意与前后衔接。　　　　　　　　　　　　　　（　　　）

30.涂光疗胶可以涂得不匀，最后再打磨。　　　　　　　　　　　　　（　　　）

二、选择题

1．在制作水晶延长甲时，哪个原因不会导致水晶粉起翘？（　　　）

　　A．油脂没有去除干净　　　　　　B．死皮去除不够干净

　　C．打磨过多　　　　　　　　　　D．甲形不够标准

2.光疗胶的充分固化需要（　　　）分钟。

　　A.2　　　　　　　B.3　　　　　　　C.4　　　　　　　D.5

3．卸延长甲可用的工具是（　　　）。

　　A．橘木棒　　　B．指皮剪　　　C．指皮推　　　D．砂条

4．用卸甲包卸延长甲时，包甲的时间是（　　　）分钟。

　　A．10　　　　　B．15　　　　　C．20　　　　　D．25

5.检查指托上得是否标准要正视指托板与第一指关节成（　　　）。

　　A.平行　　　　　B.垂直　　　　C.35°　　　　　D.一条直线

三、填空题

1.延长甲可分为（　　　）（　　　）两大类。

2.在制作光疗延长甲时，涂第二笔光疗胶要注意与前后（　　　）。

3.修剪延长甲时每个指甲的长度要（　　　）。

4.（　　　）是在水晶甲制作的过程中是很关键的步骤。

5.在制作光疗延长甲时，第一笔一定要与（　　　）衔接。

6.在自然甲上涂光疗胶要注意与（　　　）留缝隙。

四、实战题

有一位年轻顾客来到美甲店想使用延长纸托做延长甲，在使用延长纸托的时候有哪些注意事项？